U0310793

建筑六式

陈文东　著

中国建筑工业出版社

陈文东

建筑学博士（师从何镜堂院士，2008 年获博士学位）
华南理工大学建筑设计研究院有限公司建筑设计二院副院长
国家一级注册建筑师
高级工程师
中国建筑学会会员
广东省综合评标评审专家
广东省基础与应用研究基金项目评审专家
华南理工大学硕士研究生导师
SR-Studio 学术研究主持

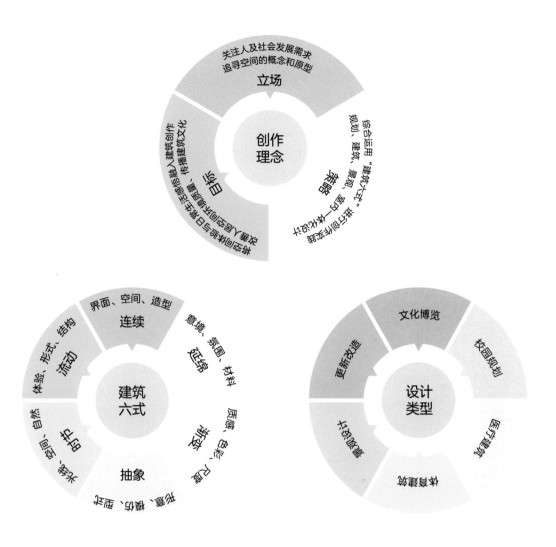

本书获华南理工大学建筑学院、华南理工大学建筑设计研究院有限公司、亚热带建筑科学国家重点实验室出版资助。

本书为住房和城乡建设部研究开发项目（2020-K-004）资助成果。

本书为华南理工大学科研项目（x2jzD8197320）资助成果。

本书为华南理工大学科研项目（x2jzD9230400）资助成果。

感谢华南理工大学建筑设计研究院有限公司各位领导的关心和支持、项目团队所有成员的倾情奉献。

感谢业主的认可与支持。

感谢曹志、史燕明、张力、马思婷、陈承邦、陈敏在案例渲染、图纸绘制、版面设计等方面的努力工作。

目录

1

传统经验及其启示

连续　延绵　渐变　抽象

水平维度（北宋王希孟《千里江山图》）

时节 流动

立体维度（北宋王希孟《千里江山图》局部）

一幅图

北宋王希孟的《千里江山图》中，水域开阔、连接江海、烟波浩渺，延绵的山体连续而自然地水平向展开，整体空间意境的营造气势连贯，具有流动性特征。

以平远为主的构图方式营造出丰富渐变的空间视觉体验，画面描绘的山林水体韵律感强，跌宕起伏、恢宏壮丽。

画面进行了抽象处理，青绿山水、野渡渔村、水榭楼台、水磨长桥等，被高度概括提炼，既展现自然景观的大气开阔，又仔细刻画了日常生活的细节，体现了深厚的艺术造诣。

画中景致布置得宜，可大致考证出取景原型，具有明显的地域特征。写意来源于对自然形胜的细微学习。壮丽河山的场景，让观者感受到扑面而来的风云变幻、水波荡漾、林木兴衰和时节变迁。

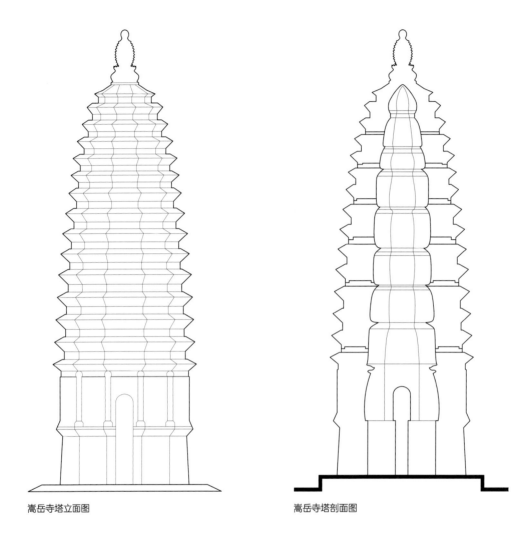

嵩岳寺塔立面图　　　　　　　　　　　嵩岳寺塔剖面图

一幢塔

　　嵩岳寺塔位于河南省登封市嵩山南麓嵩岳寺内，是我国现存最古老的佛塔。

　　嵩岳寺塔是单层密檐式砖塔，平面为十二边形，高37米。整体上分为塔身、叠涩密檐、塔刹三部分。15层的叠涩密檐从下到上逐层收小，形成柔美丰圆、挺拔饱满的抛物线造型。

　　从塔身到叠涩密檐再到塔刹，在垂直方向上表现出明显的连续、延绵、渐变特征，极具动感。

　　十二边形的外轮廓则代表十二因缘，15层叠涩密檐表示圆满，外在形式的构成在抽象意蕴表达方面有很多奇思妙想。

　　叠涩密檐之间是矮小的直壁，各层檐叠出的砖数不同，向上逐渐收分，形成了立体感强、光影表现力丰富的立面效果。随光阴流逝、时节变换而精彩千年。

登封嵩岳寺塔

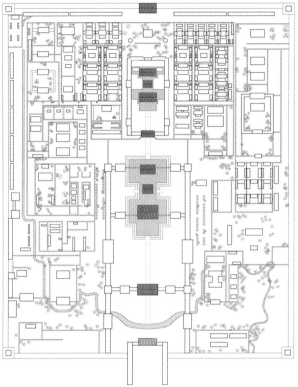

北京故宫总平面图

连续　延绵　渐变
抽象　时节　流动

一座城

北京故宫是世界上现存的规模最大、保存最完整的古建筑群之一。以三大殿为中心，占地面积约72万平方米，总建筑面积约15万平方米。

建筑分为外朝和内廷两部分，南北向中轴线排列有三大殿、后三宫、御花园等，其余建筑与环境向两旁展开，南北取直、左右对称。中轴线南达永定门，北到鼓楼和钟楼，贯穿整个城市。

从总平面布局上可以感受到中轴线空间所具有的非常明确的连续性，不仅在故宫内部，也延绵往外延伸到整个城市。空间节奏收放有度，大小均衡，体现渐变特征；层层叠叠的屋面形成了整体的建筑群肌理；外部公共空间具有流动性。

建筑群出檐深远，檐下为宽廊，屋面起伏，形成了丰富立体的光影效果，在不同的时节有精彩的建筑表情。

北京故宫

N

苏州网师园总平面图

连续　延绵　渐变
抽象　时节　流动

一个园

网师园位于江苏省苏州市城区东南部带城桥路阔家头巷11号，是苏州园林中典型的古典山水宅园，宅园合一，布局紧凑，建筑精巧，空间尺度比例协调。网师园占地约半公顷，是苏州园林中最小的一个。

网师园整体布局精致，文化内涵深厚，园林气息典雅；结构紧凑、精巧幽深，小中见大、主次分明，园中有园、景外有景；建筑虽多而不拥塞，水池虽小而不觉局促。

整个园林以建筑精巧和空间尺度比例协调而著称。建筑与园林相互融合、互为对景，连续、延绵、渐变、流动的园林空间将建筑联结起来，并充满建筑之间的空隙，渗入建筑内部空间。园里随处可见宁静的水面，水的镜面效果放大了园子的尺度。

夏雨冬雪，天光云影，四时变换，时节变迁，网师园静静度过了近千年的岁月，它的美和魅力还将在时间的长河里延续……

苏州网师园

现代主义大师理念及其启示

2

本部分插图根据勒·柯布西耶、密斯·凡·德·罗、路易斯·康、弗兰克·劳埃德·赖特等大师作品集改绘渲染。

勒·柯布西耶

勒·柯布西耶（Le Corbusier）

　　20世纪著名的建筑大师、城市规划师和作家，现代建筑运动的激进分子和主将，现代主义建筑的主要倡导者，机器美学的重要奠基人，功能主义建筑的泰斗。

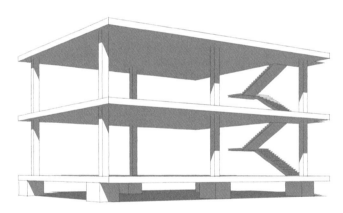

多米诺系统

多米诺系统（Domino）

　　柯布西耶利用框架结构承重的技术实现了空间解放。他在1914年构思了"多米诺系统"，使用钢筋混凝土柱支撑楼板荷载，室内空间可以随意划分，连续、延绵、渐变、流动的室内外空间效果得以轻易实现。

萨伏伊别墅远观

萨伏伊别墅立面

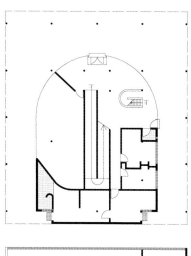

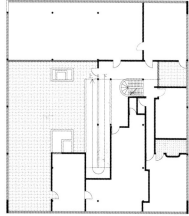

萨伏伊别墅（The Villa Savoye）

1930年建成的萨伏伊别墅位于法国巴黎近郊的普瓦西。

设计采用"多米诺系统"，使用钢筋混凝土框架结构。白色的方盒子体量用细柱支撑起来，水平长窗开阔舒展，外墙为白色，光洁无装饰；外形简单、内部复杂，平面和空间布局自由，空间相互穿插、内外彼此贯通；屋面设计了屋顶花园，实现了建筑与自然的充分融合。萨伏伊别墅充分回应了柯布西耶提出的"新建筑五点"。

空间在水平方向和垂直方向均有明确的连续、延绵、渐变、流动的特征。

方形体量充分镂空后，外部景观渗入建筑内部，建筑内部空间蔓延到室外环境，形成了光影变化丰富的立体雕塑般的效果。随着时节变换，建筑表情丰富而精彩，极具诱人魅力。

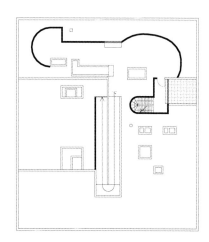

萨伏伊别墅平面图

朗香教堂（La Chapelle de Ronchamp）

1955年建成的朗香教堂位于法国东部索恩地区浮日山区的一座小山顶上，距瑞士边界仅几英里。

教堂宛如一件立体的混凝土雕塑，造型奇异。建筑平面呈不规则形，墙体几乎没有直线，部分墙体倾斜，给人以连续、延绵、渐变、流动的印象。

室内空间通过不规则的空洞、缝隙引入光线，营造神秘莫测的氛围感。

朗香教堂是柯布西耶建筑创作转向浪漫主义和神秘主义里程碑式的作品，造型新颖奇异，被赋予了不确定的抽象概念和想象空间，引人入胜。

郎香教堂立体的造型、丰富的凹凸、清晰的光影，在四季交替、日夜转换中，凸显出建筑随时节变化的个性。

朗香教堂总平面图

朗香教堂外观

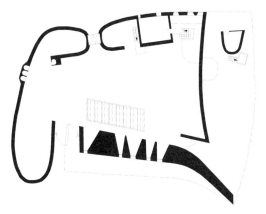

朗香教堂平面图

朗香教堂室内

密斯·凡·德·罗（Ludwig Mies Van der Rohe）

巴塞罗那德国馆（Germany Pavilion in Barcelona）

　　1929年西班牙巴塞罗那国际博览会德国馆，占地长约50米，宽约25米，由三个展示空间和两部分水域组成。矩形平面内设玻璃和大理石隔断，隔断自由布置、隔而不断，有的墙体延伸出屋面成为围墙，形成既分隔又联系、半封闭半开敞的空间。室内、室外空间相互融合、流动，具有明确的连续、延绵、渐变和流动的特征。

　　建筑利用钢、玻璃和大理石的本色和质感，营造简洁高雅的气氛。

　　光影投射在完整的墙面上，随时节变化而具有活力。

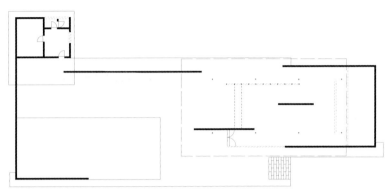

巴塞罗那德国馆平面图

密斯·凡·德·罗

巴塞罗那德国馆（一）

巴塞罗那德国馆（二）

路易斯·康（Louis Isadore Kahn）

20世纪杰出建筑师，费城学派的创始人。

埃克塞特学院图书馆（Philips Exeter Academy's Library）

埃克塞特学院图书馆于1972年建成，位于美国新罕布什尔州埃克塞特市菲利普埃克塞特学院。图书馆主体结构由三个空心的正方柱体组成：外层、中层和内层。外墙是红色的承重砖；阅览区在外墙和中墙中间，有供读者使用的阅览桌；藏书区在中墙和内墙之间，中墙和内墙是钢筋混凝土结构，可承受书架和书本的大荷载。

四面内墙相对，形成了一个平面为方形的竖向中庭空间，每侧内墙各有一个巨大的圆洞，透过大圆洞可以看见各层藏书区内的木制书架，形成了非常有宗教仪式感的震撼的空间效果。

具有艺术感和仪式感的中庭空间，使图书馆内部在竖直方向和水平方向的空间中呈现出连续、延绵、渐变、流动的特征。

艺术氛围抽象地表达出康对精神空间的追求，通过他的空间可感知建筑学的真谛——对超越物质与技术而存在的人类梦想的表达。

路易斯·康

埃克塞特学院图书馆

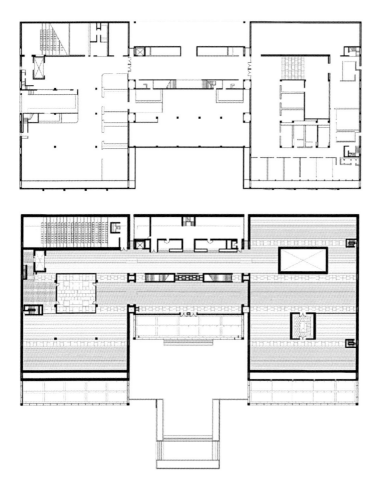

金贝尔艺术博物馆平面图

金贝尔艺术博物馆室内

金贝尔艺术博物馆（Kimbell Art Museum）

1972年建成的金贝尔艺术博物馆位于美国得克萨斯州沃斯堡。

博物馆在公园里面，周边景色优美。建筑物由一连串起伏相连的拱形筒状屋面覆盖，低调而具有连续、延绵的视觉特征，呈现出优美的渐变状弧线，显得简朴、娴静而又有古典气质。

通过打断拱形筒状屋面的连续性，置入入口及庭院空间，使建筑与自然充分融合，内外空间互相渗透。

单元式的拱形筒状屋面创造出流动性及可适应性较强的内部空间，使人有连续和延绵的体验。

中间撕裂的拱形筒状屋面引入自然光线，光线一部分被铝制构件反射到拱形筒状屋面再漫反射下来，另一部分则透过穿孔铝板渗透进室内，使整个屋面成为光的过滤器，在室内形成了非常有氛围感的照明环境，光影随时间变动，时节在悄然中转换。

光的出现使屋面如飘浮在空中一样，室内空间环境传达出神圣的空间仪式感，抽象表达出康对空间精神性的追求。

金贝尔艺术博物馆

萨尔克生物研究所（Salk Institute for Biological Studies）

　　1962年建成的萨尔克生物研究所位于美国加州南部拉霍亚（La Jolla）北郊悬崖边缘，西望太平洋。

　　建筑群设计具有明确的轴线对称关系，空间组合上体现出明确的空间等级序列，古典传统特征如建筑形体组合、体量大小对比、明暗开阖关系等方面被充分地展现出来。然而它又是现代元素建构出来的全新的建筑，体现了古典精神的复兴及其与现代建筑的有机融合。

　　建筑群之间的仪式性广场，将建筑和自然有机关联起来，表达出对天气变化及时间推移的敏感反应。日升月落、时节变化，都在这个连续、延绵、渐变的外部公共空间中以精彩的光影效果呈现出来，展现出建筑的时节特征。

　　多层次、丰富的公共交流空间，建立起内外空间的过渡，促进了内外空间的渗透，使空间场所具有明显的流动性特征。

萨尔克生物研究所外观

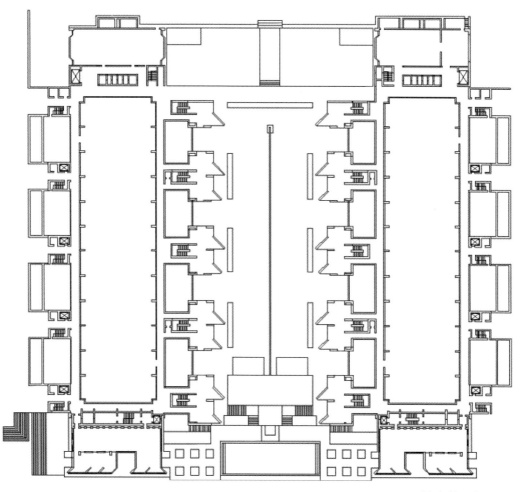

萨尔克生物研究所平面图

弗兰克·劳埃德·赖特（Frank Lloyd Wright）

纽约古根海姆博物馆（The Solomon R. Guggenheim Museum）

　　1959年建成的美国纽约古根海姆博物馆，其外观主体像一个巨大的碗状雕塑，由底部往上逐步变大。建筑内部挖出一个圆形中庭，从底部一直到六层顶部，中庭上盖花瓣形的玻璃顶。

　　展示大厅是倒立的螺旋形空间，观众先乘电梯到顶层，然后顺着3%的缓坡围绕圆形中庭缓缓步行而下，观看布置在斜坡上的各种艺术展品，边走边观赏，打破了传统博物馆的观展模式，创造出新颖独特的连续、延绵、渐变、流动的空间效果。

弗兰克·劳埃德·赖特

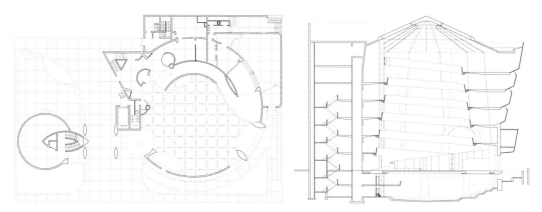

纽约古根海姆博物馆平面图和剖面图

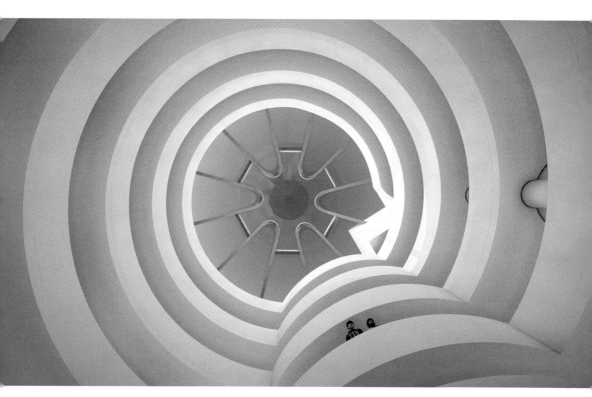

纽约古根海姆博物馆中庭

流水别墅（Falling Water）

　　1939年建成的流水别墅位于美国宾夕法尼亚州西南部乡村、匹兹堡东南方50英里（约合80.5公里）处。别墅悬挑在熊奔溪的瀑布之上，与四周的山脉、峡谷相连，建筑与自然以一种和谐相融的状态共存。

　　室内空间连续、延绵、流动且自由延伸、相互穿插；室内外空间浑然一体，互相渗透、渐变。建筑设计充分结合自然环境，空间处理细致而人性化，体量组合高低错落，体现出非常高超的设计技巧。建筑形体丰富、立体感强、光影效果强烈，随时节变换呈现多变的建筑表情。

　　室内材质、家具配置非常讲究，室内外空间达到了高度融合的境界。建筑与环境抽象地表达出赖特的"有机"设计哲学，既有空间维度，又有时间维度。

流水别墅外观

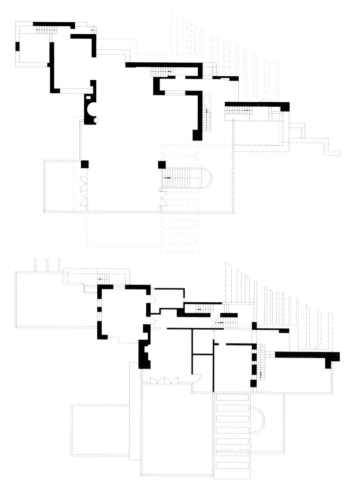

流水别墅平面图

3

当代多元化的建筑创作及其启示

本部分插图根据伊东丰雄、比亚克·因格尔斯作品集改绘渲染。

伊东丰雄（Toyo Ito）

日本重要的当代建筑师，曾获日本建筑学院奖和威尼斯建筑双年展的金狮奖。

获2013年普利兹克建筑奖，是第六位荣获普利兹克建筑奖的日本建筑师。最具有代表性的作品有八代市立博物馆、仙台媒体中心等。

多摩艺术大学图书馆（Tama Art University Library）

2007年建成的日本多摩艺术大学图书馆位于日本东京多摩艺术大学八王子校区内，基地的地势有微小的倾斜角度。从首层入口进入图书馆后，沿着倾斜的地面缓缓步行，穿越建筑内部到达另外一个标高的出口，可以作为一条校园道路的延伸，提供休闲散步的路径和遮阳避雨的风雨连廊。

室内空间由看似随机排布的钢筋混凝土拱形结构支撑、围合而成，室内的倾斜地面和图书馆外部的公园风景保持连续，营造出了通透延绵的空间体验感，最大限度地提供了行动流线的连续性，保证了视线的延绵性特征。

一系列交叉的连续钢筋混凝土拱形结构，是由正交的网格演化而来，最终形成了有机而自由的空间形态，创建出异于寻常观念中的复杂的网格系统，为建筑空间的灵活分割使用提供了极大的便利性和灵活性。

外部形态也是内部空间的反映，相当于剖面的立面设计，直接将室内外空间有机关联起来，室内外空间互相渗透，整体建筑效果显得剔透而轻盈，夜晚犹如一件发光的艺术珍品。

时节变动、光影变化，建筑物仿佛具有生命活力。

伊东丰雄

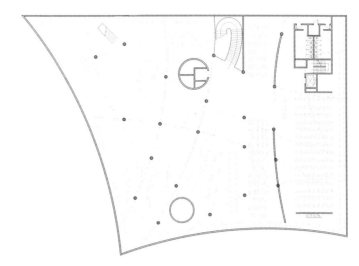

多摩艺术大学图书馆

多摩艺术大学图书馆外观

仙台媒体中心（Sendai Media Center）

　　2000年建成的日本仙台媒体中心位于日本仙台市青叶区。

　　仙台媒体中心以收集、保存书籍为主，此外还包括录像带、DVD、CD和CD-ROM等以影像或音乐为主的其他多种媒体形式；此外还有艺术工作室和艺廊。首层相对开放的艺术广场，为艺术、音乐（现场演出）和文化活动提供了公共交流场所。因此该媒体中心还具有仙台艺术组织的发起地和凝聚力的功能，进一步凝聚周边的艺术相关店和民营企业。

　　设计打破传统框架结构空间的均质性，呈现出一种前所未有的新空间形态。金属圆柱构成镂空的筒状结构，筒状结构内部根据功能需要布置楼梯、电梯、机电设备等，13组大小不一的筒状结构支撑起层高不同的7层楼的楼板，整体看犹如水草，在水平的楼板间左右摇摆。这种结构及空间形式的原型来自柯布西耶的多米诺系统，通过结构形式的创新，实现了平面的完全自由。

　　在结构和平面有机整合的基础上，建筑空间连续、延绵、渐变、流动，很好地适应了不同的功能需求。

　　外观造型也呈现出立面剖面化的倾向，室内外空间互相渗透。建筑立面表情丰富，成为类似灯塔、地标一样的存在，显示出文化建筑所需要的公共性与开放性特征。

仙台媒体中心外观

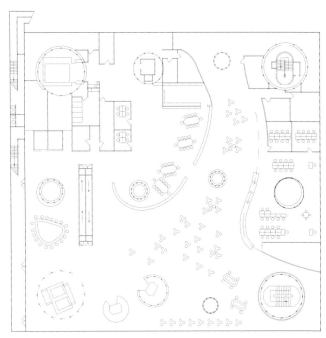

仙台媒体中心平面图

仙台媒体中心室内效果

TOD'S日本表参道旗舰店外观

TOD'S日本表参道旗舰店（TOD'S Flagship Store）

    2004年建成的TOD'S日本表参道旗舰店，用30厘米厚的混凝土墙和玻璃形成一个既是结构系统又是表皮图案的建筑空间，最大化了室内空间的利用率。

    立面模仿表参道路边榉树剪影呈分叉状，为下面粗壮、上方稀疏的渐变形态，将自然的元素巧妙地引入建筑。

    分叉的树枝状结构围绕着建筑的六个面创造出一个新的结构，形成了壮观的视觉效果。

    这种结构形式的创新原型依旧是柯布西耶的多米诺系统，将立面形式与受力结构有机结合，衍生出新的自由的立面形式，这是深入发掘钢筋混凝土结构及艺术表现性的结果。

    整体造型及室内外空间都呈现出连续、延绵、渐变、连续的空间效果及视觉体验，抽象表达了建筑对自然要素的高度提炼与艺术处理。图像化的精致立面使建筑在不同时节有丰富的表情变换。

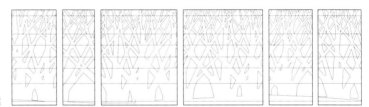

TOD'S日本表参道旗舰店立面图案

TOD'S日本表参道旗舰店立面

巴洛克国际博物馆（Museo Internacional del Barroco）

　　2016年建成的墨西哥巴洛克国际博物馆，位于墨西哥普埃布拉市的一个公园边上，是用来展示绘画、雕塑、时装、建筑、音乐、戏剧、文学、美食等方面的巴洛克艺术作品。

　　总体布局是在方正的网格系统上演化、变异而来，用倾斜弧形而又自由变化的墙体单元，分割出不同的空间，形成了有机、自然、流畅的空间形态，无论在建筑造型上还是空间上都是连续、延绵、渐变、流动的。

　　通过巧妙的组织，庭院、光线、自然与建筑内部空间有机融合、关联。洁白而扭动的墙体是光的绝美画板，随时节变动被投射上精彩绝伦的美妙画卷，建立了人与自然对话的途径。

巴洛克国际博物馆平面图

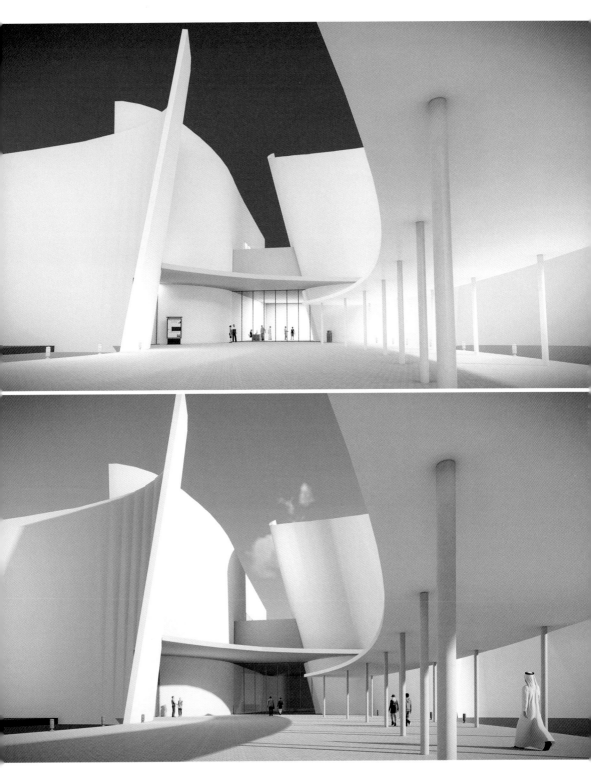

巴洛克国际博物馆外观

BIG建筑事务所（Bjarke Ingels Group）
比亚克·因格尔斯（Bjarke Ingles）

上海世博会丹麦馆（Danish Pavilion at Shanghai Expo 2010）

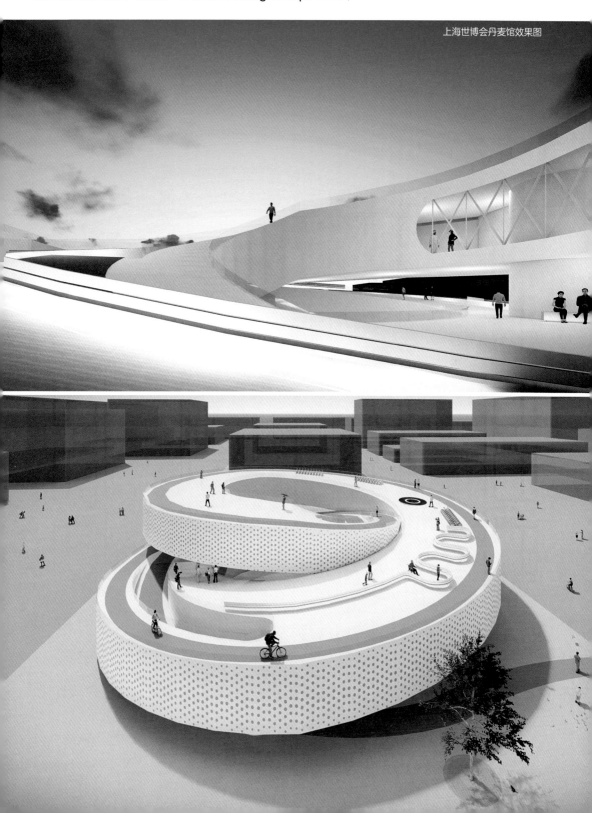

上海世博会丹麦馆效果图

深圳能源大厦细部（十）

深圳能源大厦（SEM）

深圳能源大厦细部（二）

4

回归建筑六式的思考及创作实践

概念

释义

------------------------（Continuous ）一个接一个、一次连一次

------------------------（Stretch Out）形态上的连贯

------------------------（Gradual Change）逐渐变化、渐进变化

------------------------（Abstraction）简化复杂的现实问题的途径

------------------------（Season; Time）季节、时令、时光、时候

------------------------（Flowing ）经常变动、不固定

【风之谷】东莞市长安镇青少年宫

东莞市长安镇青少年宫

地点：广东东莞长安镇　面积：23000平方米　时间：2010年设计

东莞市长安镇青少年宫是讨论建筑与自然、建筑与城市、建筑与人的关系的一种尝试。

保留下来的"笔迹山"公园，是未来供青少年户外活动的微型公园，也是城镇化进程中非常难得的一片自然之地。

建筑创意同时来源于两个方面的工作：对功能的组织与重构、对特殊场地的积极回应。

根据青少年宫的特殊性，其功能被粗略整合为适应规整空间的功能，以及适应特殊形式空间的功能。普通课程、体操、武术、展厅、会议等功能被置于相对规整的形态内；舞蹈、音乐、书法绘画、大舞台等功能被置于相对异形、独立的形体内；折廊则作为共享空间将不同的功能形态、室内外空间连接起来。微小体量从建筑整体中有机分裂出来。

设计采用了类似流水或者风一般具有不定型、可流动、连续性和抽象性的空间意象，作为联结不同功能单元、室内与室外、建筑与自然、城市与建筑、人与建筑之间的媒介。

在"流动"的驱动下，城市界面的空间蔓延进自然的"公园"里，分裂出来的微小体量分散在自然里，使自然以一种新的方式与建筑融合。室内外空间隔而不断：建筑界面清晰、相互守望，室外景观空间蔓延至室内景观空间，流动、延绵的折廊形成共享的过渡空间，实现了人与建筑、人与自然、建筑与自然的对话。

时间更替、光影婆娑，建筑及空间仿佛在"时节"中漫步，以一种更为现代和"抽象"的方式表达新岭南建筑的时代性。

故设计取名为"风之谷"。

该建筑项目自设计及建成以来，获各方肯定，收获了以下奖项及鼓励：教育部2017年度优秀工程勘察设计建筑工程二等奖（2017）、入选《中国建筑设计年鉴2017》、东莞市优秀勘察设计项目二等奖（2015）、东莞市优秀工程设计方案二等奖（2011）。

1　入口门厅及公共交往廊
2　四层体量
3　五层体量
4　保留山顶公园
5　书法美术教室（远期）
6　表演舞台（远期）
7　钢琴课室（远期）
8　小舞蹈室（远期）
9　大舞蹈室（远期）

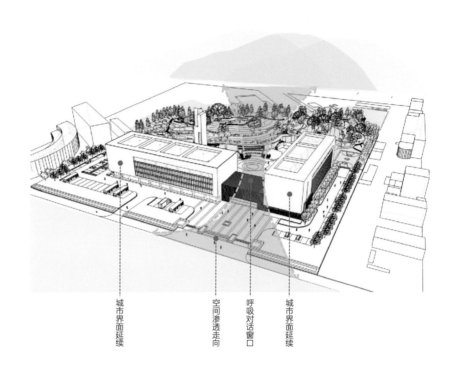

城市界面延续　　空间渗透走向　呼吸对话窗口　城市界面延续

【模块生长　立体园区】广州华工机动车检测技术有限公司检测研发大楼

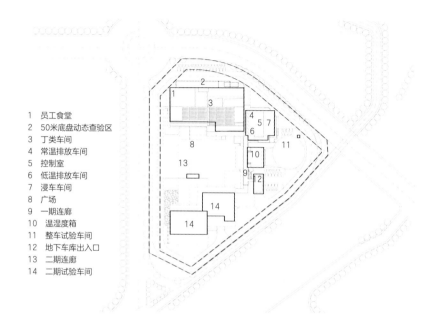

1 员工食堂
2 50米底盘动态查验区
3 丁类车间
4 常温排放车间
5 控制室
6 低温排放车间
7 浸车车间
8 广场
9 一期连廊
10 温湿度箱
11 整车试验车间
12 地下车库出入口
13 二期连廊
14 二期试验车间

广州华工机动车检测技术有限公司检测研发大楼

地点：广东广州开发区   面积：55000平方米   时间：2015年设计

广州华工机动车检测技术有限公司检测研发大楼的设计面临如何在工业建筑的空间环境里营造舒适宜人的空间氛围的问题。
功能模块的设定基于当前使用功能的特殊性及未来使用的不确定性，因而需要具有一定的弹性和可适应性。

通过中间庭院这一无实体、具有可流动性的媒介，将不同的功能模块单元组织起来，使之形成相互支撑的整体。渐进生长的
单元规划模式，则展现出"渐变"的生长主题：在统一的基因链条上实现个性化的增长，既有水平向的生长，也有垂直向的生长。

基于工业用地的高密度、低绿地率的现状，以及为使用者营造更好的工作环境的追求，设计构思将平面的绿化"延绵"至三
维立体的空中，让使用者在任何一层都能望见窗外的绿植，感受自然的绿意。采用勒杜鹃这一广州地区普遍又独具特色的绿植作
为立体绿化的植物，期待通过它们的努力绽放，赋予建筑鲜活的生命力，缓解汽车检测废气造成的心理不舒适感受，凸显对使用
者体验的尊重。

模块化的功能单元，也作为一种造型元素被运用在形体塑造和视觉引导上，传达出抽象的工业建筑美感，改变人们对刻板工
业建筑类型的既有印象。

检测研发大楼建成后的很多场景表明，随着时节变迁、光影流动，一场歌颂建筑与人和谐共融的赞歌，正在徐徐拉开帷幕。

【城市舞台　博兴客厅】山东博兴市民文化中心

山东博兴市民文化中心

地点：山东滨州博兴县　面积：60000平方米　时间：2012年设计

博兴市民文化中心是一座可以类比为城市的复杂综合体。

博物馆、图书馆、大剧院、规划展览馆、文化市场等功能主体如果分散设置，则任何一个的规模都难以担当博兴县城市地标的重担，因而设计时将它们整合成一个复合综合体，以应对较大尺度的城市空间。

城市尺度层面的轴线、对景、视觉引导、焦点设置等，都是基于使空间具有流动性而展开的。在这里设置了一个2层的开放共享平台，各功能单元都围绕这一平台依次布置，形成了一个宽50米、高18米的城市"景框"空间。城市空间轴线在此穿越，公共景观在此交融，城市人群在此汇聚，连续性的公共空间、景观通廊、行为体验得以全面铺开。

基于以上思考，设计实现了"博兴客厅""文化舞台"的预期效果。在城市层面，营造大气整体的城市级文化广场：一可以容纳大型城市集会活动，二可以形成建筑前广场以烘托主体形象，构成了第一层次的"城市客厅"。在建筑本体层面，构建大尺度的中央公共平台，充分体现共享、可达、开放的公共建筑属性，形成了第二层次的"城市客厅"。建筑建设位置刚好迎合城市中轴线，将建筑中间体量作挖空处理，形成开放式的"中央舞台"，容纳形形色色的文化表演与市民活动，使每个人都有可能成为舞台上的主角。框形的建筑外观更加凸显和强化了"文化舞台"的外在特征，而"舞台"东、西两侧不同的自然背景，也为其增色不少。

各种功能单元的组合，不是简单的水平堆砌，而是更为复杂的三维叠加、立体营造。利用拱形结构将空中文化连廊吊挂在城市开放厅平台上方，位于28.5米标高处形成相对开敞流畅的城市客厅，实现技术为空间及体验服务的目标。

建筑外形方正、立面简洁，抽象形成了博兴"柳编宝匣"的文化意象。通过形体减法切割、退让、穿透，形成简约时尚的建筑造型，渐变、延绵的竖向构件铺满整个建筑立面，再次以抽象的形式回应了传统柳编工艺的神韵。

密集而又有规律的渐变的竖向构件使用山东白麻花岗岩作为幕墙材料。层层叠叠、延绵无穷的构件随时节转移，呈现光影斑驳的丰富表情，赋予坚固的石头建筑以温情的神态。

公共服务配套　　　　　空中文化廊

开放的市民文化公共广场

文化市场及相关的社会服务配套功能场

【城市核芯　利津引擎】山东省东营市利津县"城市芯"概念规划设计

山东省东营市利津县"城市芯"概念规划设计

地点：山东东营利津县　面积：110000平方米　时间：2022年设计

利津县缺少一张可以作为名片的地标建筑。"城市芯"的规划建设恰是达成这一目标的契机，可以作为"利津复合化产业集群"的"创新心脏"和"智慧大脑"。

设计尝试在城市街区的尺度思考"建筑六式"的可操作性。通过营造一个具有凝聚力的公共园区空间，以流动性、连续性的整体空间环境格局，以及延绵不间断的城市园区景观视线引导，从城市空间的方正理性逐渐过渡到园区核心的多元浪漫，抽象表达出黄河入海、凤舞九天的地域文化特色。个性化核心空间造型及灯光夜景效果，表现出项目白天为科技园区、节假日及夜晚为市民开放公园的时节特征以及场景更替的多种可能性。

整体设计以科技研发为核心，整合融入检验检测服务、人才服务、大数据服务、金融服务、生产性服务等功能，建成集研发设计、成果转化、企业孵化、总部经济、电子商务、展示推介和生产生活服务于一体的"创新心脏""智慧大脑"，引领高分子材料创新产业园发展，服务全县经济社会发展转型升级，打造黄三角地区创新创业基地新典范。

产业园以科创组团为园区的精神和空间核心，以连廊和水带环绕为纽带，形成一个中心形象鲜明、各组团分组环绕的产业园整体结构。整体空间由一个环形连廊连接起来，衔接所有的自然和人造景观，构成自然且高效的连续公共空间。

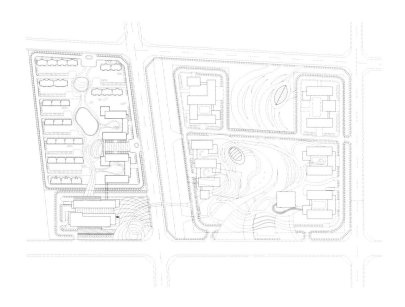

1-建筑场地

用地208亩（约合13.8万平方米），计容建筑面积11万平方米

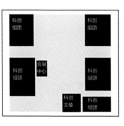

2-功能类型

科创组团：科创主楼和会展中心

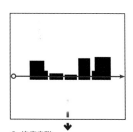

3-连廊串联

连廊将各组团串联成整体

6-利津引擎、城市"核芯"

各组团进一步演化成灵活多变的空间形态

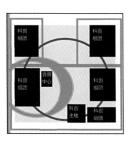

5-道路置入

布置消防车环道，有利于在不同风向条件下快速调整灭火救援场地，实施紧急灭火救援

4-景观置入

组团之间布置绿化和环形生态水系，丰富产业园景观特色和绿化环境

【立体花园　洞穴幻境】三亚崖州水南幼儿园

三亚崖州水南幼儿园

地点：海南省三亚市　面积：3500平方米　时间：2020年设计

三亚市雨水丰沛、日照充足、气候炎热，这在很大程度上给幼儿园的室外活动时间及活动内容造成影响，此外，极端的暴雨、台风天气也会给幼儿园的安全及教学带来挑战。

水南幼儿园尝试将空间与形态的设计建立在应对日常与极端气候环境下幼儿教学活动的特殊性分析的基础上。

设计引入一个起拱的二层屋面平台，平台之下是架空开敞的风雨活动空间，可全天候开展半室外的教学活动，以满足炎热暴晒或阴雨连绵天气下的日常使用；平台之上则是无顶盖的、模仿自然山丘的室外活动空间，意图在城镇化发展迅速、建筑密集的水南街道中为幼儿园引入自然与绿化，打造人与自然对话的平台。

连续的空间体验创造出多个首层的使用感受，架空空间及屋面平台的引入，又进一步模糊了室内外的界限，室内外空间呈现

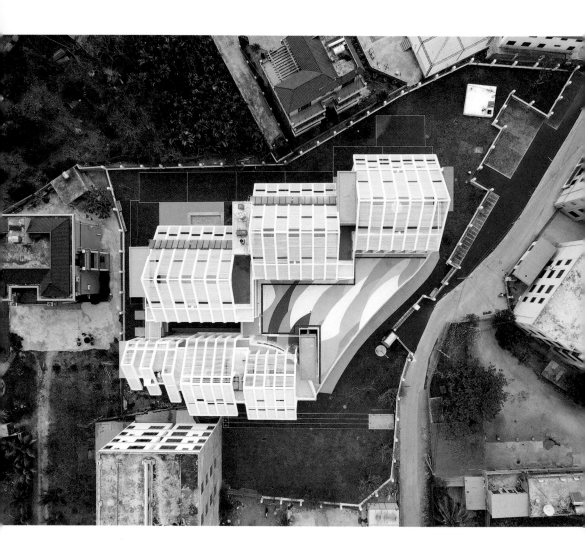

连续、延绵、渐变的特征。

三层屋面构架以现代的双坡形式呼应了附近的卢多逊纪念馆的传统建筑造型，其具有遮阳滤光功能的构造形式，可以为建筑带来遮阳降温的效果，同时也为三层的屋面平台带来凉爽的室外活动空间，弥补了场地室外空间的不足。精致优美的屋架构件亦如轻盈的羽翼，为儿童撑起一片绿荫。羽翼之下，空间丰满。

起伏延绵的屋面平台及光影丰富的羽翼构架，建构出抽象的设计意境，时节变化，空间流动，水南幼儿园从此拥有了与使用者沟通对话的特质和情感。

【立体花园　洞穴幻境】三亚崖州东关幼儿园

三亚崖州东关幼儿园

地点：海南省三亚市　面积：2000平方米　时间：2020年设计

东关幼儿园的设计是"建筑六式"在小型建筑空间营造中的一个尝试。

项目面临局促密集的"城中村"现状环境，要求在用地面积不足、可利用空间有限的条件下满足幼儿园正常的使用需求。这是一个关键点。

三亚市炎热暴晒、雨水丰沛、台风频繁等气候条件，使幼儿园对架空灰空间有着特殊的偏爱。如何在有限空间内恰当地引入架空灰空间是设计的难点。

空间形态与结构选型的有机契合将是一个新尝试。

以上三点构成了设计的契机。

在城镇化进程和特殊的地域环境背景下，建筑与结构进一步融合，促进了设计方案的生成。

设计中引入一个可受力的半筒状结构，形成了架空的灰空间，它支撑起上部退台式布局的幼儿园活动室（活动室与寝室合用）。在空间和结构之间找到一个适当的结合点。

退台式空间布局给每个班级带来一个独立的室外活动平台，回应了密集用地、空间有限的场地条件。筒状结构形成的连续的架空空间，则以一种中介的角色把各水平和垂直的功能空间有机联结在一起。

筒状结构保留了必要的受力路径，其余的部分则掏空为不规则的异形孔。于是这种"抽象"的海绵般的半筒状结构非常有利于通风，阴影下的多功能架空空间因为有了空气的自由流动而充满生机和活力。

孔洞的开取随机而感性，总体上呈现出纷繁的"延绵"与"渐变"特征。孩子们可以随意穿越部分孔洞，恍如进入洞穴般的幻境。通过技术方式实现具体意象的抽象表达。

斑驳的光影在建筑立面及建筑的架空空间内移动变换，显示出建筑应对时节的细微之处，丰富了自然表情，释放了童真的天性。

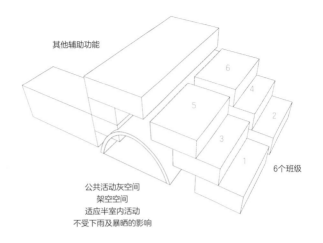

其他辅助功能

6
4
5
2
3
1

6个班级

公共活动灰空间
架空空间
适应半室内活动
不受下雨及暴晒的影响

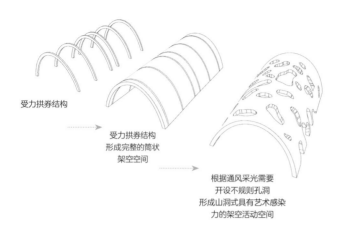

受力拱券结构

受力拱券结构
形成完整的筒状
架空空间

根据通风采光需要
开设不规则孔洞
形成山洞式具有艺术感染
力的架空活动空间

【年轮木雕　荔城门户】莆田市木雕博物馆

莆田市木雕博物馆

地点：福建莆田市　面积：38000平方米　时间：2018年设计

木雕博物馆的立意为在原本功能单一的博物馆里引入一个对外的开放空间，以及可以由室外步行上到景观屋面的外部动线。这样，外部与内部各自完整、互相独立而又紧密关联。

设计方案将博物馆的开放流线置于更大范围的城市景观系统中，与东侧的湿地景观公园融为一体。博物馆起伏的地景式景观场所提供了与城市景观对话的更大尺度的平台，外部景观通过视线引导，"延绵"至更大的范围，建筑据此与基地发生了更深层次的对话。

对城市开放共享的意图与博物馆内向的空间特征在这里取得了平衡，空间流动无阻，形体完整有机。

木雕艺术的减法设计手法被借鉴来形成开放式的庭院。庭院空间以放松的形态将坡道两侧的室内外空间联结，将人们引导至景观屋面，同时又使人们在内外之间相互窥探。如涟漪般荡漾出去的渐变式屋面景观，抽象地表达出木雕工艺的艺术主题。

向心、共享的开放庭院是一个多功能的活动场所，既可举办不同类型的展会活动，又可作为市民的活动空间，在白天和夜晚能自由转换活动内容，在时节方面体现了建筑的历时性特征。

年轮意象

抽象螺旋线条

筛选、重组、建构

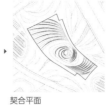
契合平面

立体造型

面向主要城市道路作弧形退让的边界处理，呈现出迎合城市的怀抱姿态

西北侧建筑体量庞大，为避免过分压抑之感，建筑界面需向南作退让处理，与鞋服城控制轴线顺滑过渡，形成优美的弧形轮廓

分析工艺美术城前广场围合之势，新建木雕博物馆需退让南侧用地，形成完整的广场界面

考虑工艺美术城与北侧酒店内在轴线的平滑衔接和过渡，进行边界退让，形成视线通畅的界面

"画创意稿"——整合空间走势控制线，形成建筑的总平面图

根据功能面积提升体量

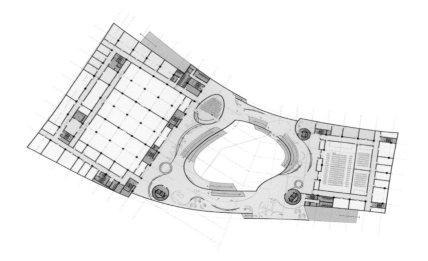

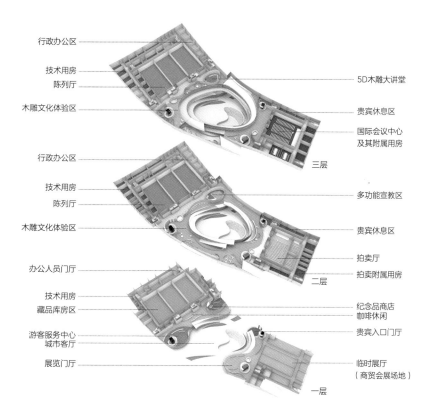

行政办公区

技术用房
陈列厅

木雕文化体验区

5D木雕大讲堂

贵宾休息区

国际会议中心
及其附属用房

三层

行政办公区

技术用房
陈列厅

木雕文化体验区

多功能宣教区

贵宾休息区

拍卖厅
拍卖附属用房

二层

办公人员门厅

技术用房
藏品库房区

游客服务中心
城市客厅

展览门厅

纪念品商店
咖啡休闲

贵宾入口门厅

临时展厅
（商贸会展场地）

一层

【汉江壮阔　龙舟竞渡】安康汉江大剧院

安康汉江大剧院

地点：陕西安康市　面积：16000平方米　时间：2015年设计

将安康汉江大剧院放在大尺度的汉江水流之上，是在期待一个能与汉江文化相融合的现代化大剧院的成形。

设计意图是把汉江水流的动势引入基地的场所环境中，驱动建筑形态及空间呈现出"流动"状态，从而使汉江与建筑建立一种延绵而连续的关系。

通过地景设计抬高基座，使建筑的主入口空间位于二层，建立起建筑与汉江对话及景观连续渗透的平台。

形体空间层叠起伏，其意象首先来源于陕南传统建筑聚落质朴的风貌，其次在于营造乘风破浪、奋勇向前的龙舟竞渡的动感氛围，这两者均有"连续"的视觉体验感。

剧院建筑独特的功能及空间要求，使得其公共空间的营造与特色形体的塑造具有较大可能性。在满足主体功能的前提下，流动的空间、流畅的形体，在矩形的平面上得以实现，这得益于对功能、形式、结构、空间等一体化的把控。

光洁立面上的渐变图形，进一步凸显了抽象意象转译为具象建筑实体的技术可行性。渐变延绵的图形在夜晚透出室内光线，显现出与白天截然不同的动感效果，于是地标名片、龙舟竞渡、汉江壮阔、时节变迁、日夜更替等理念都在整体的设计中缓缓显现。

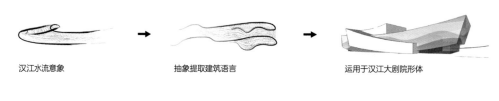

汉江水流意象　　　　　　　　　抽象提取建筑语言　　　　　　　　运用于汉江大剧院形体

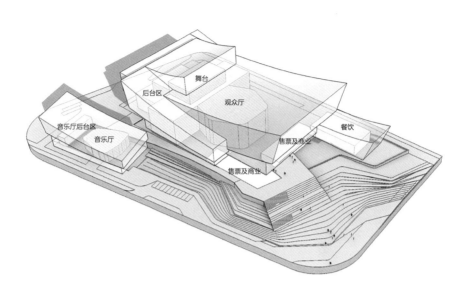

音乐厅后台区
音乐厅
后台区
舞台
观众厅
餐饮
售票及商业
售票及商业

【飞流竞渡　健康乐园】北滘镇新城区体育公园综合馆

北滘镇新城区体育公园综合馆

地点：广东佛山市　面积：20160平方米　时间：2020年设计

北滘镇新城区体育公园综合馆的设计，从构思阶段就把整个体育公园纳入其中。通过引入一条起伏飘动、延绵不断的闭环式立体健康步道，将体育公园所有相对独立的运动单元串联成整体，创造出北滘独特的城市景观，连续的运动轨迹和延绵空间富有朝气和活力。

连续起伏的健康步道，时而在空中，时而在地面，结合地景及旁边的运动主题作自由的形体切换，增添了运动步道体验的丰富性。

体育公园综合馆是运动步道的起点也是终点，提供了在运动中看与被看的对象。整体来看，综合馆犹如抬起的龙头，牵引着地景式的立体健康步道，抽象地传达出飞流竞渡、奋力争先的北滘神韵。

体育公园综合馆采用立体功能分区的布局模式。篮球馆漂浮于公共服务及会议、办公功能的上方；游泳馆独立位于首层，其屋面是健康步道的一部分，成为景观平台，可以观看整个体育公园的景观。各大功能的流线既独立又联系紧密，满足使用的同时又符合各项规范要求。

除了地下室和基座的公共服务及会议、办公功能采用钢筋混凝土外，其余均使用钢结构，确保了建筑棱面结构及相应空间的可行性。外壳由三层材料构成：内层穿孔铝板、中层玻璃幕墙、外层遮阳和造型穿孔铝板。光线穿透三层材料后变得轻柔，自然光线是日常照明的首选。夜晚室内光线渗透出来，展现个性魅力。LED灯光效果可以改变造型的色彩和图像，使建筑披上信息的外衣，变得表情丰富。形体、光影及色彩渐变中时节悄然变换。

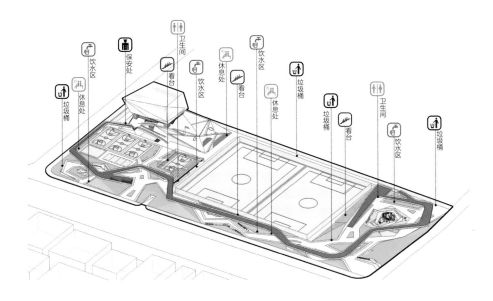

垃圾桶　休息处　饮水区　保安处　看台　卫生间　饮水区　休息处　看台　饮水区　休息处　垃圾桶　垃圾桶　看台　卫生间　饮水区　垃圾桶

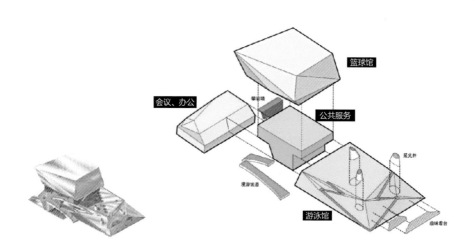

会议、办公
篮球馆
攀岩墙
公共服务
氙光井
漫游坡道
游泳馆
趣味看台

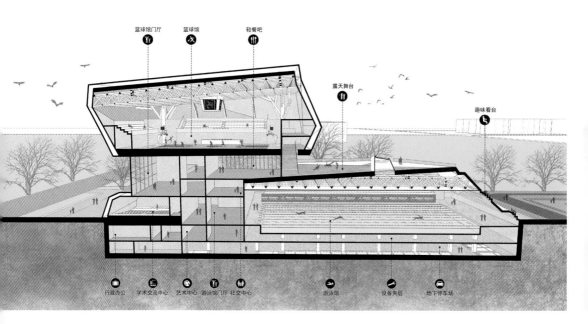

篮球馆门厅
篮球馆
轻餐吧
露天舞台
趣味看台

行政办公　学术交流中心　艺术中心　游泳馆门厅　社交中心　　　　游泳馆　　　设备夹层　地下停车场

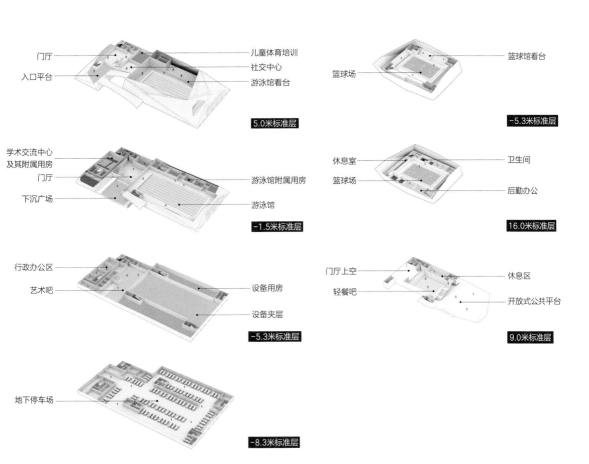

门厅 —— 儿童体育培训
入口平台 —— 社交中心
—— 游泳馆看台

5.0米标准层

篮球场 —— 篮球馆看台

−5.3米标准层

学术交流中心
及其附属用房
门厅 —— 游泳馆附属用房
下沉广场 —— 游泳馆

−1.5米标准层

休息室 —— 卫生间
篮球场 —— 后勤办公

16.0米标准层

行政办公区
艺术吧 —— 设备用房
—— 设备夹层

−5.3米标准层

门厅上空 —— 休息区
轻餐吧 —— 开放式公共平台

9.0米标准层

地下停车场

−8.3米标准层

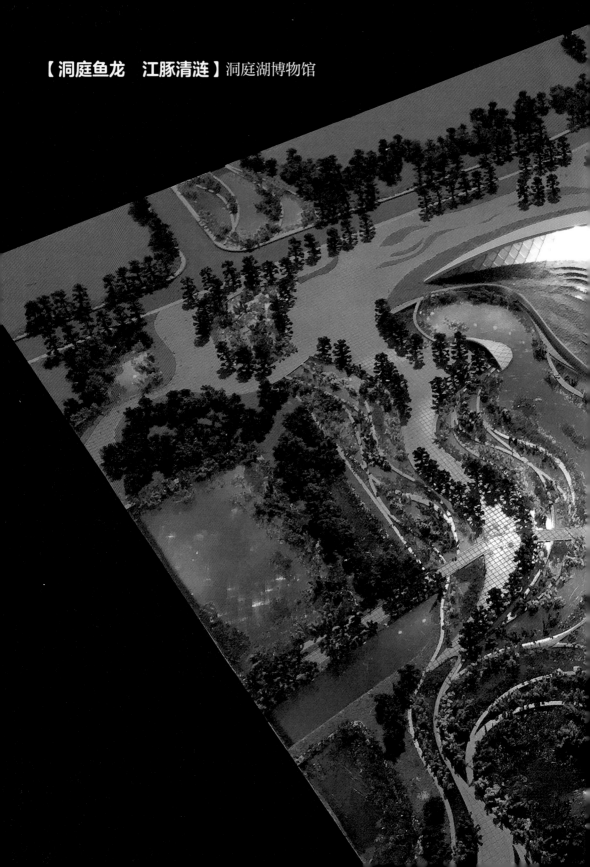

【洞庭鱼龙　江豚清涟】洞庭湖博物馆

洞庭湖博物馆

地点：湖南岳阳市　面积：30000平方米　时间：2014年设计

洞庭湖博物馆是关于洞庭湖江豚、候鸟及濠河湿地的主题博物馆。

将濠河湿地引入基地，使建筑回应更大尺度的山水形胜，扎根地域、展现特色，是设计的初衷。

濠河湿地与地景式博物馆并置，使濠河的连续性在博物馆这里得到更大的凸显与展现，确保了建筑主入口广场与濠河湿地之间通畅的视线联系与景观对话。公共服务中心的屋面作为观景区，既联系了综合馆、江豚馆、鸟类馆，又联系了濠河湿地，与主入口广场一起构成了多元化的湿地观景场所。

综合馆、江豚馆、鸟类馆在公共服务中心的联结下，形成了具有动感的、向濠河跃动的动势，既引入江景，又贴合生态湿地的主题。外部空间、景观廊道、游览动线等均以连续的姿态呈现。建筑、景观和室内空间，以非常一致的流动形态展现出来。

布局为弧形向外的放射状，配以涟漪一样向外荡漾出去的水纹地景肌理，使场所由人工特征渐变为自然特征，寻求人工与自然之间的平衡点。

观众要进入博物馆，首先要下到水下的观鱼隧道，通过观鱼隧道进入位于负一层的公共服务中心。先抑后扬的空间引导使人们远离尘嚣，进入一个纯粹的保护江豚、候鸟，生态休闲的"中国湖泊第一馆"。

公共服务中心作为空间和交通的枢纽，使三个主题馆的交通流线和空间组织连续而流畅。弧形的空间造型及流线组织强化了空间和参观流线的流动性。流线设计既有水平流动的特征，也有竖向流动的特征，与空间形态高度吻合。

设计旨在表达洞庭鱼龙、游湖探奇等主观意向，在总体布局和景观形式上采用抽象图形予以回应。同时，通过场地竖向高差的设计营造建筑与景观一体化的立体式效果，进一步凸显抽象概念的现实可行性。

朝西方向的建筑立面通过参数化技术模拟遮阳效果，形成渐变的遮阳构件单元，整体上既能使光影在内部公共空间中展现时节变迁的特征，又能在建筑外观上投射丰富的阴影图形，使建筑随着时间变化，生动而迷人。

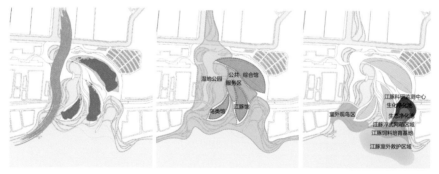

基地

引入水体

布置场馆

公共联结

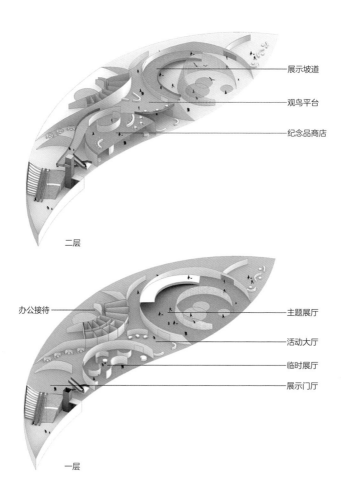

展示坡道

观鸟平台

纪念品商店

二层

办公接待

主题展厅

活动大厅

临时展厅

展示门厅

一层

【帆影叠浪　港城荆花】湛江文化中心

湛江文化中心

地点：广东湛江市　面积：240000平方米　时间：2014年设计

　　湛江文化中心是一个有着24万平方米面积的大型文化建筑集群，包含了大剧院、博物馆、美术馆、图书馆、文化艺术中心及市民广场等复杂功能。

　　基地在内海海岸线南凸的部位，三面临海，与周边的金沙湾观海长廊、海东新区、水上运动中心、海湾大桥等重要城市景观呈距离相近的隔海对望之势，地理位置优越。基地拥有观看各处重要景观的良好视野，同时各处也有观看文化中心的绝佳视点。

　　设计采用同质单元、环形阵列的整体空间布局模式，突出了空间核心的市民广场，同时，开放型的椭圆形实体及其渐变高度的天际轮廓线，则将海岸线水平流动的空间动势盘旋引导，引入文化中心的核心广场，最终引向天际，形成延绵不断的整体流动感。

　　统一母题的细微差异让各个功能单元具有视觉的可辨识性，同时同型的竖向立面单元又强化了文化中心的统一群体效果。折板型的竖向立面单元在高度上由低到高渐变，在水平方面由大到小渐变，塑造出矫健飞扬的曲线造型，极具雕塑感的同时又与海贝、海浪、风帆、紫荆花等意象发生关联，抽象地表达出建筑的地域特征和文化个性。

　　折板型渐变的竖向立面单元，在长弧面上具有非常精彩的光影表现效果。海风驱动阳光攀爬上折板，在建筑上留下斑驳的表情，时光流逝之间，时节的特征显露无遗。

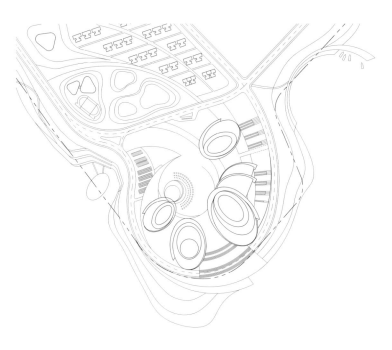

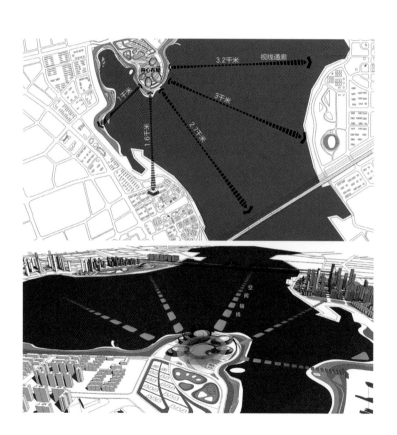

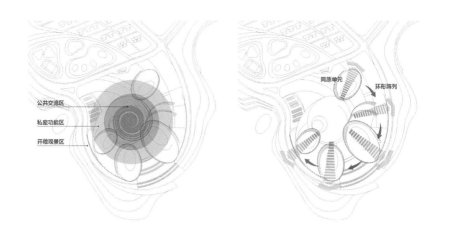

公共交流区

私密功能区

开敞观景区

同质单元   环形阵列

【**海上凌波　千帆竞渡**】莆田市会展中心（2018年第五届世界佛教论坛会址）

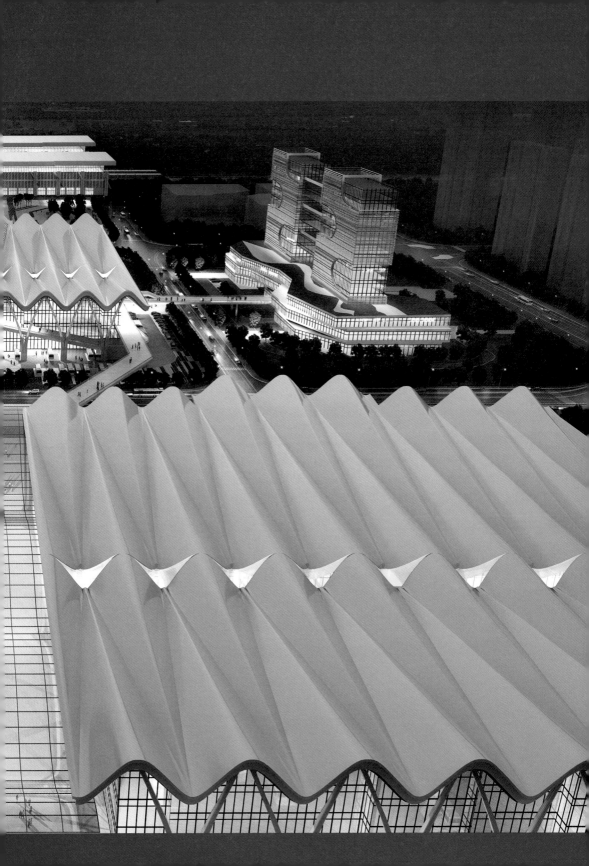

莆田市会展中心（2018年第五届世界佛教论坛会址）

地点：福建莆田市　面积：50000平方米　时间：2018年设计

莆田市会展中心位于莆田火车站正对面，隔着站前广场相互对望。设计基于城市重要空间整体性的考虑，提出建立具有活力的城市综合体建筑群的概念，各建筑组团既相互独立，又紧密联系，互相配合，共同打造出具有莆田特色的会议、展览、商贸、文化建筑集群。不同组群之间通过下沉广场、立体连廊等方式进行有机连接，空间、功能、交通等均有较强的连续性，强化了整体特征。

在综合功能定位和复合多元利用思路的指引下，针对使用功能的特殊性，将会展中心策划为会议中心和展览中心这两个既能独立使用，又可以自由分隔且组成一体的功能单元，以适应当前及未来功能的不确定性，有利于建筑的日常运营和管理。

为了适应快速建造的要求，设计采用钢结构单元模块化安装的方式建造。造型元素从海洋文化中获取灵感，取意山海波峦、扬帆起航，抽象地表达奋进向上、力求发展的莆田精神。建筑立面构件采用Y形钢柱支撑起波浪起伏的金属屋面，形成连续、延绵、流动的整体动感。

光线从表面穿透而过，形成斑驳的投影，充分体现建筑在时间变化下层次丰富的表情。

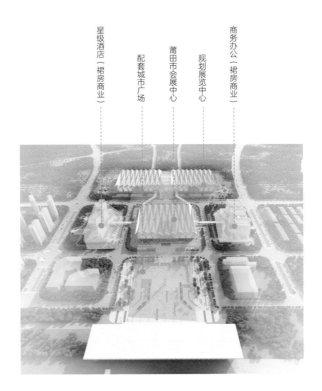

星级酒店（裙房商业）

配套城市广场

莆田市会展中心

规划展览中心

商务办公（裙房商业）

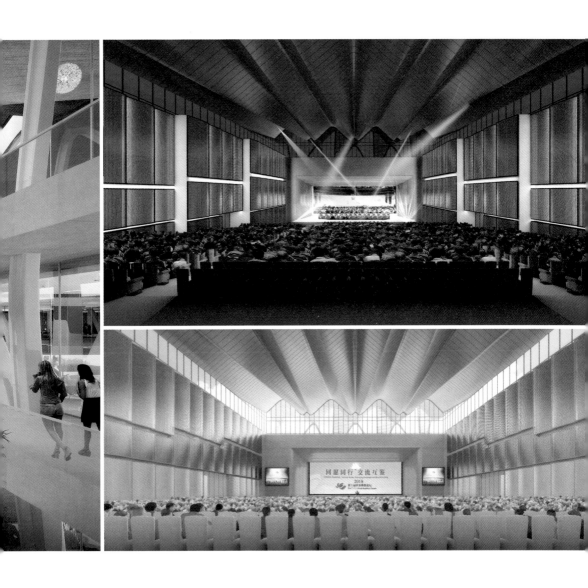

【山水礼学　科创园区】西安工业大学研究院

西安工业大学研究院

地点：陕西省铜川市　面积：687000平方米　时间：2021年设计

该项目占地1300亩，其中800亩是科创产业园，500亩是人才配套设施。基地西南面是玉皇阁水库，拥有得天独厚的自然环境资源。

设计采用指状渗透的布局模式，将园区外的水库等自然资源引入园区，在地形微改造、湿地环境保护、园区景观创建等方面，形成连续性的独特的整体空间形象。

开放交融的设计理念贯穿于规划、建筑、景观设计的每一个环节，通过功能的适度混合提升各建筑组团的空间活力和研究型社区的氛围。空间结构以山、水、礼、学为主题，在空间组织上通过景观轴线、绿色通廊、绿地系统，联系山、水、林、城，形成具有流动性的网络状生态空间格局，建构出延绵、渐变的外部公共空间。

功能布局形成人才培养、技术研发、产业孵化、综合服务四大板块，打造创新型的创新创业平台。学科组团、公共教学实验设施等相邻布置，并通过具有流动性的中央公共景观区将它们有机串联成整体，体现出现代教育强调学科交叉、教研融合的理念。

建筑形态以现代简约的建筑语言，抽象地表达出蕴含活力个性的新时代风貌。开放交融的空间、丰富多彩的形态、绿色生态的建筑，这就是有时节特征的、鲜活的、现代化的西安工业大学研究院。

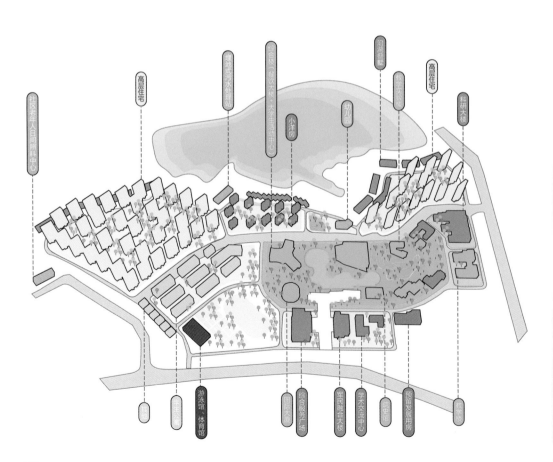

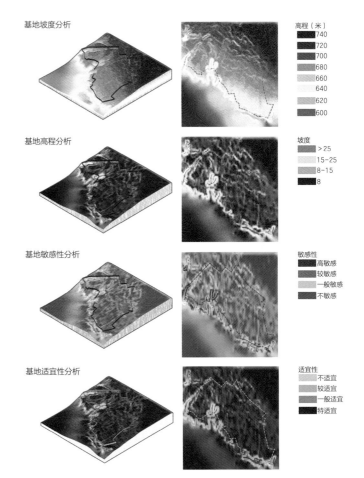

基地坡度分析

基地高程分析

基地敏感性分析

基地适宜性分析

高程（米）
740
720
700
680
660
640
620
600

坡度
> 25
15-25
8-15
8

敏感性
高敏感
较敏感
一般敏感
不敏感

适宜性
不适宜
较适宜
一般适宜
特适宜

【天使之翼　绿色峡谷】天河区第二人民医院

地点：广东广州市　面积：220000平方米
规模：1000床 三甲综合医院　时间：2017年设计

天河区第二人民医院北邻广汕公路，南接村里宅基地，与南部的公坑顶山林对望，用地约5.8公顷，地势南高北低，有6～7米的高差。选址地理位置优越，交通便利，外部自然景观良好。

设计意图利用原有的地形条件，营造一个有着葱郁绿色、人与自然充分共融的特色康复环境，为此提出了"礼让城市、显山露景、绿廊贯通、贴近自然、立体交通、高效便捷"的理念。

建筑布局结合地形地势依山坡高差布置，建筑间形成了东西贯通的折线形绿色庭院，空间流动，与山地原有的空间环境特征相符，是一个连续的"流动峡谷"，给每个建筑单元带来自然的风和绿，促进医院使用者与自然有更多的接触机会，营造出绿色生态的康复花园。

延绵、渐变的折线形绿色庭院是医院的空间骨架，串联起门诊、医技、住院、科研四大功能主体。四大功能根据场地特点、交通情况、景观朝向、未来发展等条件依次布置在最合宜的位置，既相互独立又联系紧密。

结合地形高差采用立体的交通组织方式，将前来就诊的车辆从西侧规划路引入阳光地下空间落客，利用宽裕的地下空间组织不同流线的出入口，地面仅保留人行广场和救护车出入口，避免在首层地面人车混行，同时将来院的排队车辆对广汕快速路的交通影响降至最低。

建筑造型延续总平面布局流动性的特征，水平线条舒展而放松，给人以安定放心的感受。建筑与绿植相互映衬，投射到建筑上的光影精彩而生动，人们在时节变动中被轻轻治愈。

显山露景——山景视线通廊

建筑高度≤40米，顺应地形逐级向上布置，不遮挡用地南侧的原生山地景观，同时通过建筑体量的扭转与切割，打造通透的山景视线通廊，使景观视野最大化。

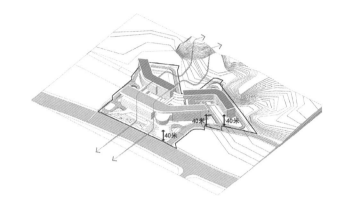

高效便捷——立体化交通体系

车流与人流通过立体的交通体系实现完全分流，机动车出入口与人行流线互不干扰，多个车行落客点提高了内部各区域的可达性与便捷性。

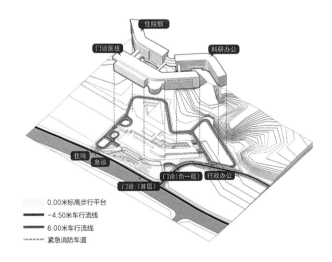

0.00米标高步行平台

−4.50米车行流线

6.00米车行流线

紧急消防车道

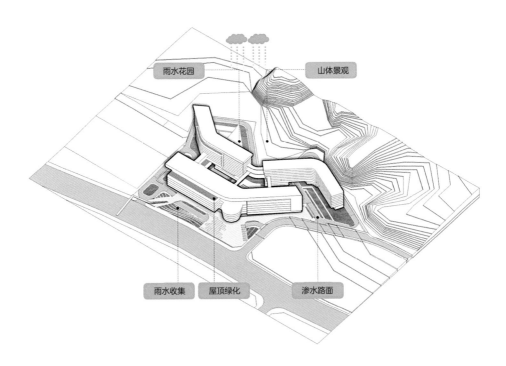

雨水花园

山体景观

雨水收集

屋顶绿化

渗水路面

【同质演化　有机生长】南方科技大学医学院及附属医院（校本部）

南方科技大学医学院及附属医院（校本部）

地点：广东深圳市　面积：330000平方米　时间：2020年设计

南方科技大学医学院及附属医院位于校园边缘，呈线形跨过河涌及道路，分为独立的三个地块。设计以流动的空间动势为线索，将三个地块的建筑串联成有机整体，总体布局上呈现连续、延绵的空间特征。

借用"道生一、一生二、二生三、三生万物"的老子宇宙生成论，将整体设计类比为细胞分裂演化的过程。通过"细胞生长"的延绵渐变形式，实现建筑与环境的高度契合。

单元式组团布局形成了可复制的单元体，结合地形地貌进行巧妙组合，确保了山体景观视线通廊和生态廊道的通畅，高效联结了城市景观、校园景观和自然景观。

折线形的公共空间廊则将单元式组团串联成整体，充分与周边环境对话融合。建筑组团在与环境融合的过程中发生变异、重组，体现了生命元素繁衍生长的特征。

教学科研区布置在附属医院和医学院中间，有利于实现资源共享，理、工、医、人文充分交叉融合，满足科研教学的要求、临床创新基地的要求、高水平医疗服务的要求。

形式设计则以细胞为母题，同质的单元化形式要素从屋顶一直蔓延、流动到建筑立面，再延伸到立体化的活动平台，同时，其肌理也发生渐变，抽象地表达了延绵不息的生命力。景观设计引入了立体绿化、空中花园，形成了多层次的景观平台，拉近了使用者与自然的关系，提升了空间品质。

流水缓缓而过，山风习习吹来，绿意蔓延入眼，随着时节变动，建筑与时光悄然相遇。

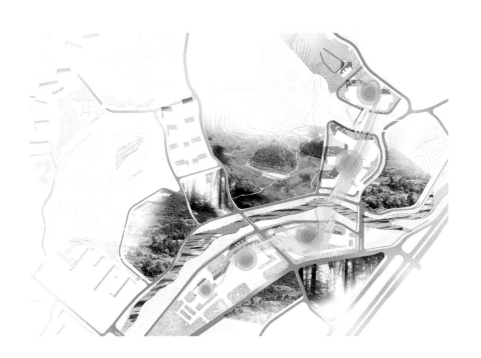

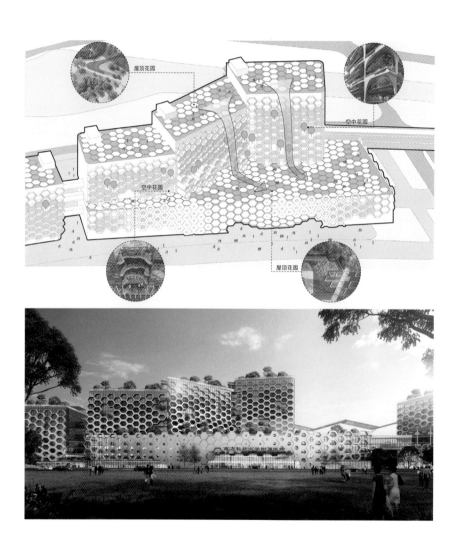

屋顶花园

空中花园

空中花园

屋顶花园

【基因基石　生命绿岛】深圳市华大医院

深圳市华大医院

地点：广东深圳市　面积：200000平方米　时间：2021年设计

深圳市华大医院的设计希望在发掘基地特色的基础上，将建筑与基地充分融合，以基因科技为核心、精准医学为特色、互联网医院为目标，在空间形态上、外观造型上均围绕着"基因"特质形象，打造标志性的建筑群体。

总体布局呈现出抽象的寓意基石的组团模块，一、二期共同围合出中心庭院。门诊、医技、住院、科研等功能在水平和竖向上综合分区，既便于资源共享、联系方便，又相对独立。

设计充分利用场地高差，营造出多层次、流动性的庭院和平台，将一、二期功能单元串联起来，形成有机的"花园医院"，实现良好的微气候和院内绿色生态系统。室内外景观相互融合，患者及医护人员在就医和工作中处处见绿、亲近阳光。

设计将场地梳理成四个主要标高层，形成了多个首层。门诊、急诊、住院、感染、罕见病、教学科研等功能各自拥有独立的出入口，流线清晰不交叉。同时将车行流线引入地下空间，营造无障碍的人性化地面环境。多层地面的设计为有限用地创造了最大化的户外空间，配合多层次的景观广场、绿化平台和架空空间，形成多维渗透的、连续、延绵的开敞空间，很好地适应了岭南地区湿热多雨的气候条件。

造型分为基石基座、绿化隔离层、上部主体三部分。基座采用暖色材质，上部主体采用冷峻的玻璃材质，形成对比呼应之势。上部立面幕墙结合转折的形态，呈现延绵、渐变的外观效果，轻轻浮于场地和基石之上。

空间、自然及人流，在基石间的间隙自由流动，带来活力和不同的时节感受。

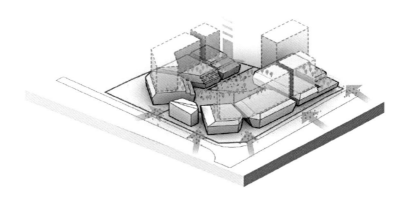

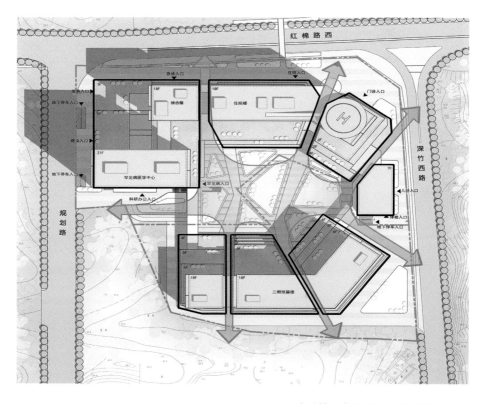

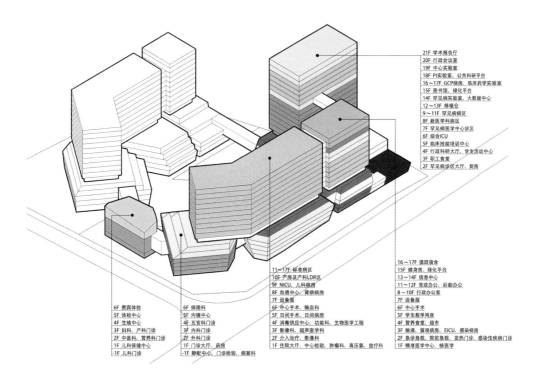

21F 学术报告厅
20F 行政会议室
19F 中心实验室
18F PI实验室、公共科研平台
16~17F GCP病房、临床药学实验室
15F 图书馆、绿化平台
14F 罕见病实验室、大数据中心
12~13F 移植仓
9~11F 罕见病病区
8F 新医学科病区
7F 罕见病医学中心诊区
6F 综合ICU
5F 临床技能培训中心
4F 行政科研大厅、学生活动中心
3F 职工食堂
2F 罕见病诊区大厅、厨房

11~17F 标准病区
10F 产房及产科LDR区
9F NICU、儿科病房
8F 血遗中心、肾病病房
7F 设备层
6F 中心手术、输血科
5F 日间手术、日间病房
4F 消毒供应中心、功能科、生物医学工程
3F 影像科、超声医学科
2F 介入治疗、影像科
1F 住院大厅、中心检验、肿瘤科、高压氧、放疗科

16~17F 值班宿舍
15F 健身房、绿化平台
13~14F 信息中心
11~12F 党政办公、后勤办公
8~10F 行政办公室
7F 设备层
6F 中心手术
5F 学生教学用房
4F 营养食堂、超市
3F 输液、留观病房、EICU、感染病房
2F 急诊急救、院前急救、发热门诊、感染性疾病门诊
1F 精准医学中心、核医学

6F 贵宾体检
5F 体检中心
4F 生殖中心
3F 妇科、产科门诊
2F 中医科、营养科门诊
1F 儿科保健中心
-1F 儿科门诊

6F 病理科
5F 内镜中心
4F 五官科门诊
3F 内科门诊
2F 外科门诊
1F 门诊大厅、药房
-1F 静配中心、门诊检验、病案科

【双翼腾飞　立体花园】广东省人民医院中长期发展整体规划

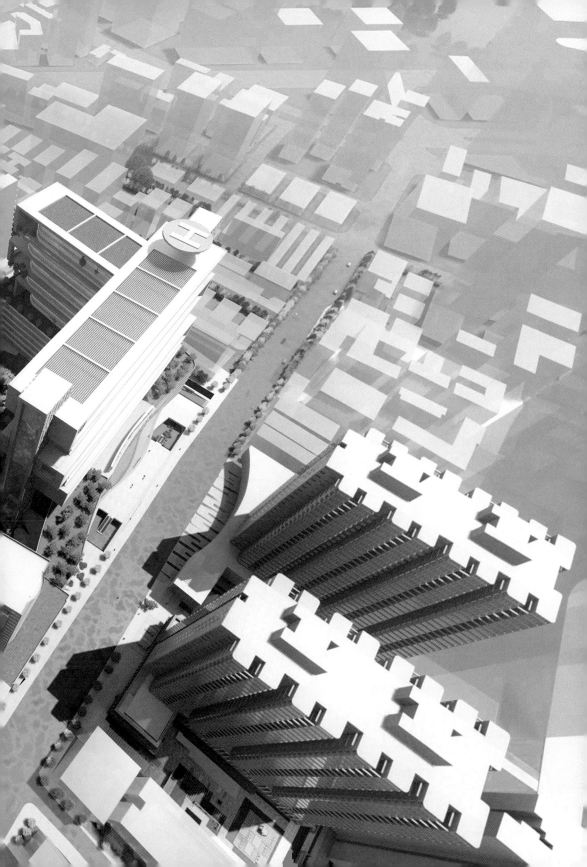

广东省人民医院中长期发展整体规划

地点：广东广州市　面积：390000平方米　时间：2019年设计

广东省人民医院中长期发展整体规划旨在解决当前和未来发展面临的医疗空间不足、环境质量差、交通混杂等棘手问题。规划的前提是利用旧改政策，将医院南侧地块经功能置换腾挪到东川路西侧地块上，为医院的发展留出一片充裕的发展用地。

规划目标是营造"岭南园林中的省医、省医中的立体花园"，实现"环境医人""环境宜人""环境育人"，打造出具有省医特色的人文景观、生态景观、特征景观。

规划整合出连续、延绵的由西到东的大片流动性的开放花园，串联起各个功能单元组团，形成"三区""四园""多中心"的总体结构。"三区"是综合医疗区、科研办公区、东病区；"四园"是核心景观区的"春园"、西面主入口广场的"夏园"、东病区的"秋园"、北部原庭园的"冬园"；"多中心"指各建筑组团各自形成独立的建筑中心，各花园也形成室外空间中心，不同的中心功能互补、联系紧密，共同形成医院外部各个空间节点。外部公共空间景观蜿蜒渐变，层次丰富，抽象地表达了"双翼腾飞""双手合抱"的空间意象。

尊重城市、礼让城市，总体规划采用立体的交通疏导方式，利用西邻东川路的30米退让形成城市广场，设置下沉交通转换广场，将社会车辆等外部交通引导到地下，形成环路并与外部的周边道路衔接，有效缓解交通堵塞、地下车位不足的问题，提高交通效率。

为了实现高效、便捷、人性化的医疗环境，规划根据当前及未来发展目标，大刀阔斧地进行功能更新设计。原门诊大楼独立成为"外科大楼"；置换出来的东川三街用地上新建包含心研所和医技楼的"内科大楼综合体"；东病区一、二、三号楼继续使用；远期15亩军区门诊地块规划为含医科院的"科研办公综合大楼"。

标志性的"内科大楼"是现代化的绿色、智慧门诊大楼，流动的造型、舒展的水平线条，安宁中特色明显。不同建筑单元以立体连廊联通，便捷顺畅。医院的环境设计、空间设计、氛围营造，都力求为使用者带来便捷高效安全、舒适宜人的感受。

綜合医疗区　　　科研办公区

東病区

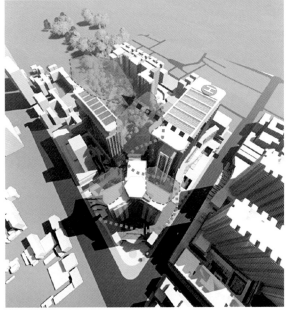

【艺术殿堂　青春飞扬】广州华轩艺术高级中学

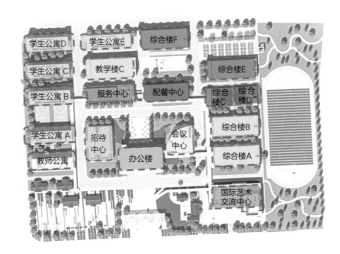

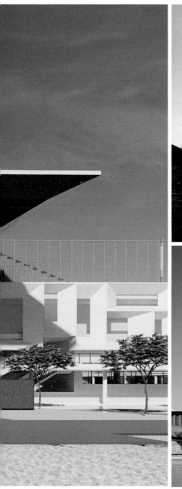

广州华轩艺术高级中学（工厂改造成高中）

地点：广东广州市　面积：50000平方米　时间：2022年设计

广州华轩艺术高级中学是在一个石头加工厂的基础上改造而成的一所以音乐、舞蹈、美术为主要教育方向的艺术高中。厂区原有的办公楼、礼堂、食堂、宿舍等改造后仍沿用原来的功能，厂房则根据教学需要改造成标准课室和艺术专用教室，总体而言，功能方面的改造是相对简单而清晰的。

设计的难点和重点在于建筑师与业主一起摸索适宜未来校园的整体空间及形象。艺术殿堂与教育主题、青春活力与时尚前卫、个性飞扬与时代风貌，是提炼出来的设计理念。

设计引入一个环状闭合的艺术长廊，将所有主要节点上的建筑或外部空间串联起来，它是环游式立体化的风雨长廊，长廊的各处均可用作艺术教育相关内容的展示。长廊带来的空间流动性，赋予校园多层次的景观内涵和连续、延绵的艺术空间体验。打破原有规整刻板的厂区空间格局，为校园注入活力与生机。

在艺术长廊的连接下，校园形成了"崇艺四园""尚美八景"，分别对应不同的艺术教育主题，带来了浪漫热情的艺术气息。

大门是艺术长廊外最重要的新建构筑物，以简单重复的铝型材单元搭建出具有动感和张力的流动型造型，展现出延绵、渐变、流动的特征，抽象地表达了梦想启航、展翅飞翔的办学理念，形神相映、个性鲜明，是学校的一张名片。

领航楼用"加法"在原来办公楼立面之外，以钢结构搭建出类似垂直条幅的立柱构件和悬挑的屋盖，营造出西方神庙般或东方大殿般庄重有艺术感的校园主楼形象，传达中西合璧、学府殿堂的意境。

其他建筑则借鉴蒙德里安的色彩构成元素，形成在统一中有变化的整体效果。

时光荏苒、光影变幻，丰富了建筑色彩和情态，时节在悄然变动。

【育才书院　岭南学府】清远应急管理职业学院

清远应急管理职业学院

地点：广东清远英德市　面积：486000平方米　时间：2022年设计

厚积薄发的东岸新城，满怀雄心壮志地引领英德参与城市综合实力竞争，迎来充满生机活力的清远应急管理职业学院，等待生态赋能的活力唤醒，期待一个与时俱进，助力经济、教育、文化、旅游发展腾飞的新校园。

设计鼓励创新交往、平等包容、因需设教，满足社会对各种应急管理人才的需求；打造一个引领前沿、国内一流的多而全、新而睿的应急管理全专业学院；环境育才，校园既是课堂，又是应急管理的第一线，为提高学生应急救援能力，除了主要的救援演练场地，还在各个教学组团之间设计了临时救援演练场地，可以用于教学实践，演"真"练"实"，提高应急救援能力。理论与实践相结合，凸显应急管理校园特色。

设计提出保持原貌、修复廊道、结合地形、融入文化四大策略，将应急管理写进这座城的精神底色。理水脉，构建区域安全韧性水网络，最大化生态效益；通廊道，识别重要生态源地，平衡自然与校园的关系，构建最优路径；引风入校，打造风行清享、润物畅爽的校园环境；历史、人文与景观生态有机地交织出茁壮蓬勃的生态网络。连续、延绵、渐变、抽象、时节、流动，"建筑六式"在这里有充分的体现。

靠山向水，山水相融：校园中央塑造雨洪廊道，通过与基地外原有水系的融合，打造应急救援校园特有的水上救援基地，突出校园特色主题，莘莘学子，向海而生。林草丰茂，知行相长：中心花园作为生态绿核，打造指状的生态廊道，将外部生态环境引入，同时也作为应急救援特有的山林紧急救援基地和草场救援基地；建筑镶嵌在这些绿带之间形成一种建筑与生态共融的格局。碧水晴空，环境育人：为适应具有学院特色的空中救援实训学科，基地内设置空中救援场，在作为学生活动广场的同时，可以兼作空中救援实训地，凸显学院的特色，寓意怀抱天空的美好意愿。形以传神，境表理意：整体规划及建筑设计扎根英德本土，体现岭南与客家文化建筑特色，传达岭南地域文化、岭南建筑文化、应急管理文化的复合化文化校园理念；凸显育人特色，构建理论与实践相结合的育人环境。

四维一体、多元互补，是清远应急管理职业学院独具特色的教学实训体系，理论教育与实训操作一体化版块、现代信息化版块、实训场所版块、校企合作版块，四大体系互相支撑，共同构建出具有可视性、可生长的空间骨架。

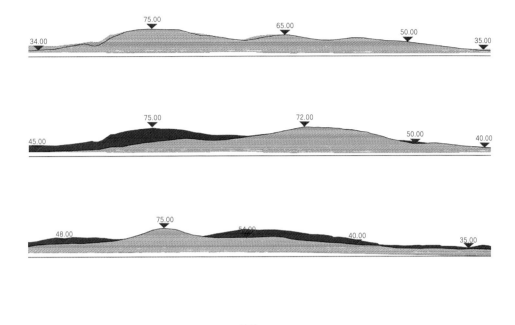

原地形剖面图

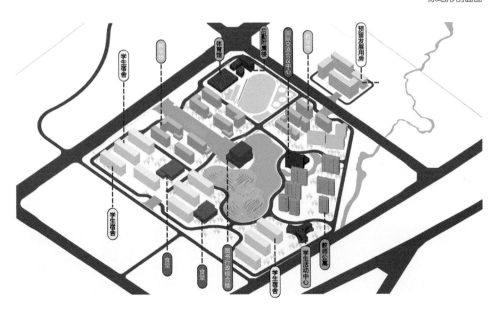

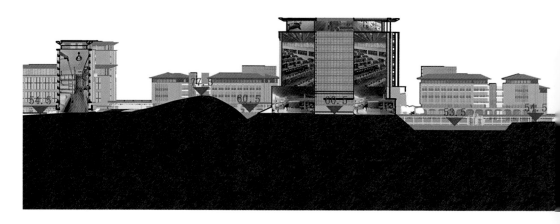

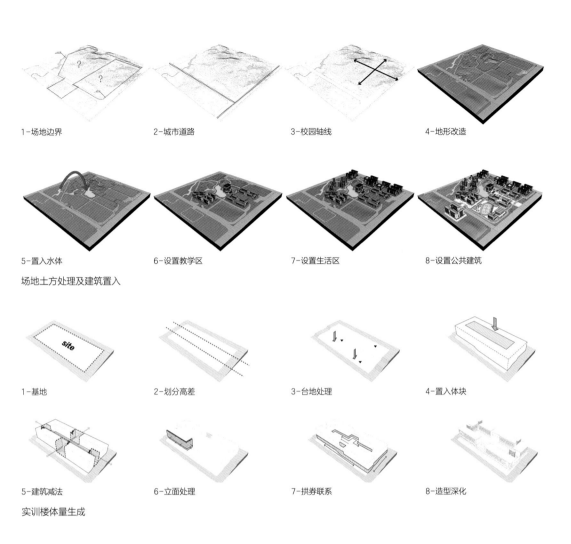

1-场地边界　　　　2-城市道路　　　　3-校园轴线　　　　4-地形改造

5-置入水体　　　　6-设置教学区　　　　7-设置生活区　　　　8-设置公共建筑

场地土方处理及建筑置入

1-基地　　　　2-划分高差　　　　3-台地处理　　　　4-置入体块

5-建筑减法　　　　6-立面处理　　　　7-拱券联系　　　　8-造型深化

实训楼体量生成

【山脚校园　湖边聚落】广东建设职业技术学院清远校区总体规划

广东建设职业技术学院清远校区总体规划

地点：广东清远市　面积：190000平方米
时间：2015年设计

山脚下，镜湖边，广东建设职业技术学院清远校区独享了得天独厚的自然资源。天光云影投射在校园湖面上，浓墨重彩、生动鲜活，四时喜乐、时节变迁都在校园里展现无遗。

整个校园占地800亩，将基地原有低洼、散落的水塘整合成一个面积为100亩的中心景观，形成足够开敞的镜湖水面，是建筑师与业主共同努力的成果。开阔水面及疏朗的视觉通廊，将远山引入校园，形成一幅山水画卷般的校园景观。校园空间与更大的宏观尺度的地区山水形胜无缝连接，在空间感受和时间体验上，连续性特征明显。

镜湖开阔的公共空间将各功能单元有机联结，从一个组团到另一个组团，都需要经过这个极具特色的核心公共空间景观，环境的教化及育人功能就这样润物细无声，静悄悄地深入人心。

各建筑组团与核心景观之间联系密切，人在建筑内、庭院中、广场里、水岸边自由穿行，空间和景观也随着人的移动而呈现出流动的状态。

青山绿水间，红墙蓝瓦、屋面错落，宁静致远的书院气息扑面而来。现代的材料与色彩，抽象地体现出新校园对传统场所营造精神的致意。

该项目获得2023年教育部工程勘察建筑设计行业和市政公用工程优秀规划设计三等奖。

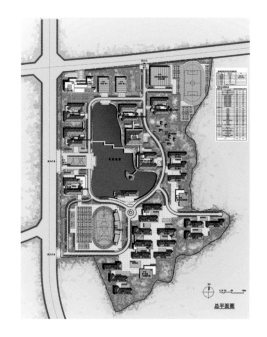

总平面图

【融山汇水　绿色校园】贵州理工学院新校区规划设计

贵州理工学院新校区规划设计

地点：贵州贵阳市　面积：601900平方米　时间：2014年设计

对于1800亩（120公顷）的大尺度山地校园而言，如何实现人性化尺度空间、建构人文性场所，是设计思考的重点。

设计吸取基地优良的生态环境要素，顺应场地内山脉走势，营造蜿蜒水系，建构了两条礼仪轴线与一条景观轴线，三条轴线交会出两个重要的校园内部空间节点，分别布置图书馆和会堂博物馆综合体，形成校园的核心景观格局。山水的校园，校园的山水，两者相互融合，其核心景观具有非常明显的空间流动感，这种流动的空间延绵渗透到校园的每个角落。

建筑组团以空间和景观轴线为骨架，依山就势，有机地坐落于山间。建筑组团精心围合布局，强化现代教学组团的书院气息，巧借山景渗透，突出校园空间形象。建筑布局合理紧凑、密不透风、疏可走马、有聚有散、错落有致，形成延绵生长之势。通过庭院式空间的引入，形成庭院错落、环环相扣且具有黔贵传统特色的空间韵味，表达空间环境的人性化。

通过在校园里营造多层次的交流空间，使课堂内外的交流环境发挥潜移默化的作用，促进学生素质的提高和交流创新活动的产生。

规划设计采用有利于学科交叉、资源共享的组群式系统化总体布局形式，改善各专业封闭独立的传统布局，以整体集中、个体独立的方式，既满足学科交叉、高效便捷的要求，又满足各功能区相对独立的要求，最终形成了多中心的整体空间格局，使校园空间丰富多彩，校园的魅力也随之而生。

传承校园的办学理念和校园文化，体现校园的人文情怀及育人功能。在校园建设上体现贵州的地域文化特点，延续贵州建筑风格所独具的风貌，以规划、建筑、景观一体化的设计，营建贵州理工学院新时代的地域文化特色。

校园环境因为山光水色的映衬，四时景色相异、四季风景独特。

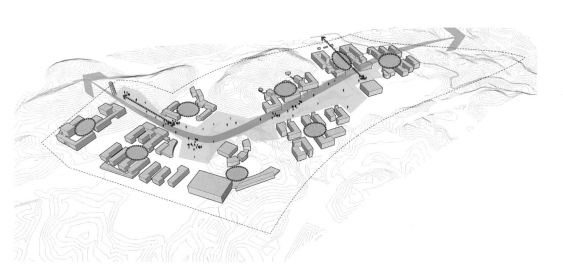

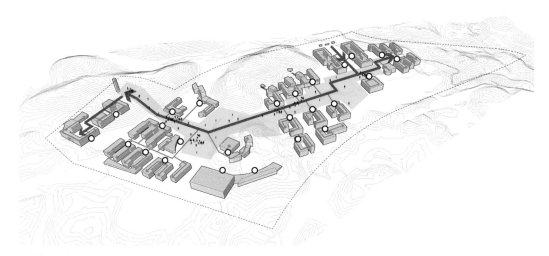

人性化、多中心的校园

【素质教育　共享廊道】深圳光明高中园综合高级中学

深圳光明高中园综合高级中学

地点：广东深圳市　面积：59997平方米　时间：2021年设计

深圳光明高中园综合高级中学由于场地的限制只能将运动场布置在西侧，教学生活组团布置在东侧。相对过于明确的一分为二的布局方式，设计在两者之间引入一条贯穿南北、立体多元的空间共享廊，意在沟通东西两侧的功能与空间，削弱原本对峙的局面，实现最大限度的流动性。

共享廊不仅具有空间融合、交通引导、流线组织的功能，还灵活布置有专用教室、多功能厅、图书室、心理咨询室、微格教室、多功能展厅、交流平台等多元化的功能，是真正意义上的"素质教育共享廊"，延续了光明高中园共管、共享的理念，体现了未来高中素质教育的趋势。

素质共享廊既是一个空间骨架，有效组织各教学功能单元，同时又是一个多元活动的场所，提供了非常复杂的立体空间环境，容纳各种行为活动，室内外空间在这里被有意识地模糊化。室内与室外、建筑与自然呈现出延绵不间断的状态。

立面的剖面化，是素质共享廊显著的外部特征。将内部空间和功能充分展示出来，既丰富了建筑场景和空间，又便于视线和自然风自由穿越，营造出一个宏大尺度的背景图像，展示出抽象的立体微缩的城市场景。

随着时节的推移，校园的不同场景投射在这一巨大的背景墙上，流动、延绵，如一帧帧动画般的学习生活的画面。

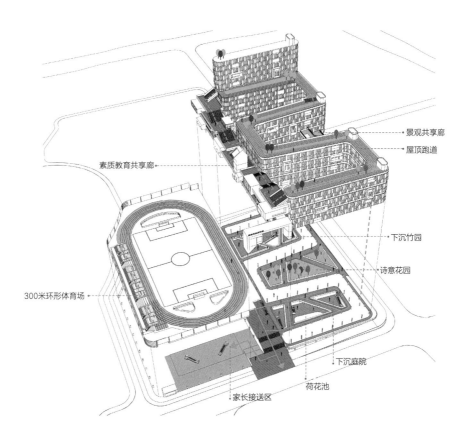

素质教育共享廊

景观共享廊

屋顶跑道

下沉竹园

诗意花园

300米环形体育场

下沉庭院

荷花池

家长接送区

素质共享廊注入不同的功能空间体量，形成了大小不一、相互渗透的庭院和连廊空间，成为师生之间交流的积极场所。

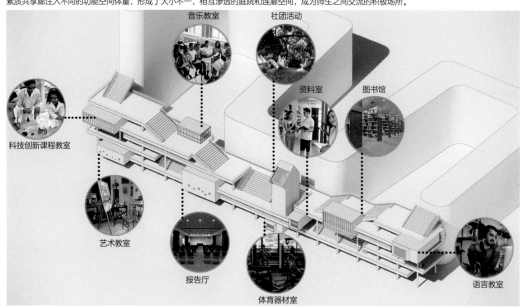

科技创新课程教室

音乐教室

社团活动

资料室

图书馆

艺术教室

报告厅

体育器材室

语言教室

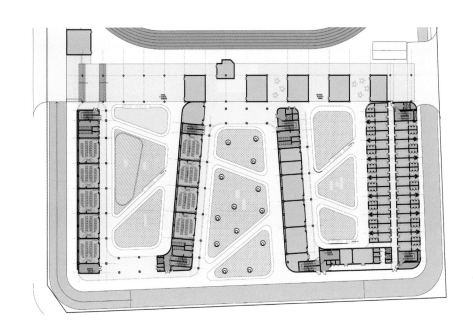

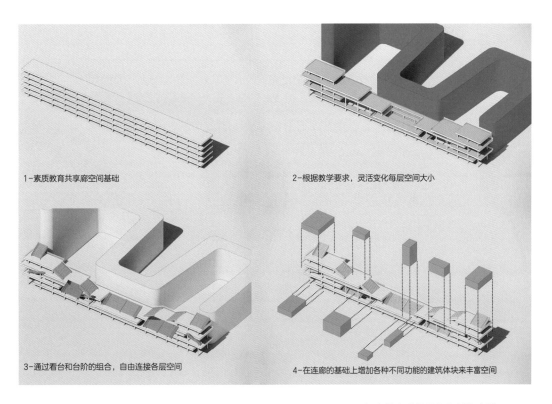

1-素质教育共享廊空间基础

2-根据教学要求，灵活变化每层空间大小

3-通过看台和台阶的组合，自由连接各层空间

4-在连廊的基础上增加各种不同功能的建筑体块来丰富空间

【**山林书声　融入绿野**】东莞长安实验小学

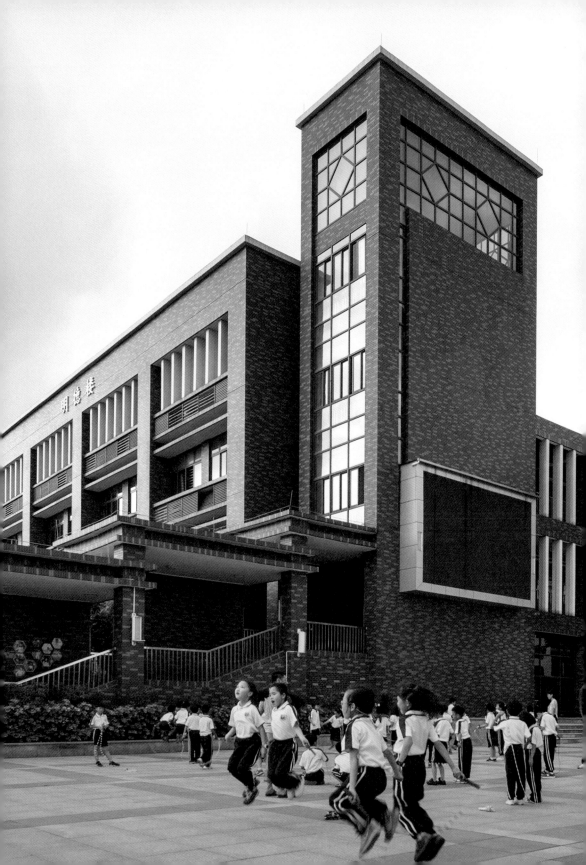

东莞长安实验小学

地点：广东东莞长安镇　面积：34800平方米　时间：2010年设计

东莞长安实验小学的主体部分刚好位于山坡的中下方。原始地貌有良好的山林景观和水塘环境。

设计一开始就着眼于在解决好教学功能需求的基础上，尽量减少对山林的破坏和土方开挖，发掘基地的景观特色。

因此积极利用地形环境，通过空间流线和高差处理，使建筑自然地融入场地，使地形与建筑之间实现连续性的过渡。

南北贯通的折线形立体连廊，依山就势、上下联通，将各个教学单元连接起来，既是界定空间的元素，又是将山头自然"延绵"地引入建筑庭院的中介。

梳状布局的建筑单元强化了由山头流动下来的空间动势。走廊里、庭院中、田径场上，建筑与自然有机相融，以悄无声息的方式存在。校园环境在时节变换中潜移默化地感染和教导着莘莘学子，琅琅书声响彻山野绿林。

该项目自设计到建成以来，获各方肯定，如入选最新版的"建筑设计资料集"第4分册"中小学校"建筑案例（2016）、入选《中国建筑设计年鉴2017》。

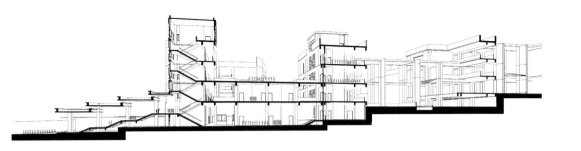

【聚落核心　流动庭园】华南理工大学大学城校区民居改造

华南理工大学大学城校区民居改造

地点：广东广州市　面积：2068平方米　时间：2016年设计

这组民居是华南理工大学番禺大学城校区建成后遗存下来的，有三个祠堂和若干民居。校园投入使用的十多年来，民居一直被荒废，导致一些主要的砖雕、木雕、石雕等物件遗失了。屋顶漏水、屋面长草，室内外荒芜，几成一片废墟。其更新改造工作也多次变动，停停走走。项目兜兜转转到我们手上时，已经面目全非了。

更新改造设计意图为松散无序的民居聚落找回一个类似村前大榕树下那种向心凝聚的聚落公共空间，于是在聚落核心撑起一把"遮阳伞"，利用伞下的荫凉空间创造一个共享公共空间，塑造设计的鲜明特征。

六根现浇钢筋混凝土柱子上安装预制的木结构屋顶，形成开放外向、通风遮阳的连续性空间。通过这一公共空间将各个原本独立内向的古建单元联结、融合成一个有机整体。有些破损较为严重的民居则修复或重建，以保证原有空间的连续性。

期待通过这种无阻碍的空间设计，让室内外空间流动起来。视觉上隔而不断的预制混凝土花格砌块组成渗透性的墙面，凸显了这种空间流动性和景观的"蔓延"特征。

通透的花格窗墙面光影生动，"伞"下环境舒适宜人，在时节中弱化了新旧建筑的差异性，表达了新旧融合的抽象特征。

【生态园林　人文绿带】广州市第一人民医院核心区景观整体改造

休闲密林　　　　　功勋钟亭　　　　　方便之园　　　　教学相长庭
（生态环境，绿色低技）（钟声悠扬，博古通今）（自然形态，绿色园林）（多层次交流互动平台

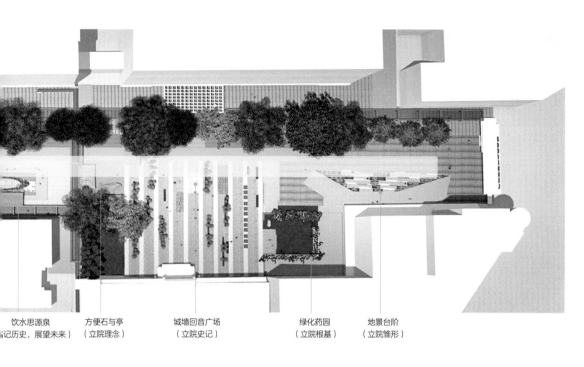

饮水思源泉　　　　方便石与亭　　　　城墙回音广场　　　　绿化药园　　　　地景台阶
（铭记历史，展望未来）　（立院理念）　　　（立院史记）　　　　（立院根基）　　　（立院雏形）

广州市第一人民医院核心区景观整体改造

地点：广东广州市　时间：2018年设计

经过一百多年的发展变迁，广州市第一人民医院院区内古榕树群枝繁叶茂，形态优美，独具特色。然而医院外部公共空间却因为长期见缝插针式的高强度利用及缺乏远见的断章取义式的设计建设，环境质量差，功能配套不足，人车交通混杂，绿化缺乏组织，环境氛围缺乏关爱。另外，由于天然的南高北低的地形，导致长达400米的院内东西向主干道是倾斜的南高北低的状态，既影响视觉效果，也不利于日常使用。

设计充分研究了广州市第一人民医院的历史和外部公共空间环境的现状，提出了将120年来重大历史发展事件，通过起、承、转、合的空间叙事轴，串联起与历史事件相对应的主题空间节点，从而营造出独具特色的医院外部公共空间叙事景观格局。连续性的空间叙事凸显了该医院景观的独特性及体验感受的文化性。

南高北低的高差结合大榕树的树池，巧妙地形成了许多休闲木制座椅，给医院带来舒适宜人、休憩静养的环境氛围。同时，高差的处理方式自然而然地区分出车行与人行空间。

流动空间将景观主题节点串联起来，走完整个外部主轴，就基本了解了该医院的历史故事，表现出"渐变"的历时性特征。

用历史事件与空间节点抽象对应的做法，将原本平凡的景观元素转化为能深入记忆的场所环境。古榕树下、花草池边、木座椅上，人们感受到时节变换的温情及医院场所的关爱。

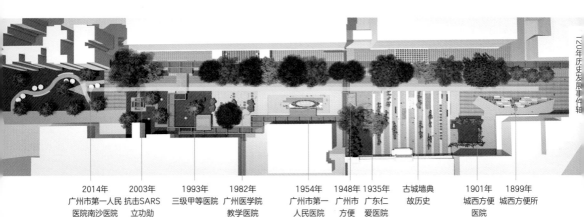

2014年
广州市第一人民
医院南沙院区

2003年
抗击SARS
立功勋

1993年
三级甲等医院

1982年
广州医学院
教学医院

1954年
广州市第一
人民医院

1948年
广州市
方便
医院

1935年
广东仁
爱医院
（前身）

古城墙典
故历史

1901年
城西方便
医院

1899年
城西方便所

120年历史发展事件轴

作品详细信息

5

01

项目名称：东莞市长安镇青少年宫

地　　点：广东东莞长安镇
面　　积：23000平方米
时　　间：2010年设计
设　　计：何镜堂、郭卫宏、王智峰、陈文东、
　　　　　佘万里、劳晓杰、余学红、王琪海、
　　　　　刘莹莹、杨翔云、黄晓峰、黄璞洁、
　　　　　林小海、耿望阳、梁景韶
摄　　影：陈文东、马明华

02

项目名称：广州华工机动车检测技术有限公司检
　　　　　测研发大楼

地　　点：广东广州开发区
面　　积：55000平方米
时　　间：2015年设计
设　　计：郭卫宏、陈文东、裴文祥、邱伟立、
　　　　　王新宇、梁舒雅、郭垚楠、吴　巍、
　　　　　任思阳、张书原、孙泽文、劳晓杰、
　　　　　梁　剑、唐飞燕、陈小锋、李炳魁、
　　　　　黄晓峰、王善生、陈　涛、耿望阳、
　　　　　肖　华、吴晓维、范细妹、李雄华、
　　　　　谢凯旋、田超霞、凌　亮、黄璞洁、
　　　　　邹付熙、何耀炳、吴晨晨、胡文斌、
　　　　　周华忠
摄　　影：战长恒

03

项目名称：山东博兴市民文化中心

地　　点：山东滨州博兴县
面　　积：60000平方米
时　　间：2012年设计
设　　计：何镜堂、郭卫宏、陈文东、唐雅男
　　　　　海　佳、许　喆、裴文祥、张灿辉
　　　　　邢剑龙、佘万里、周子航、劳晓杰
　　　　　黄志坚、潘志刚、郑　洋、易伟文
　　　　　肖林海、陈小锋、赖远泉、杨翔云
　　　　　耿望阳、曾志雄、王琪海、李雄华
　　　　　吕子明、黄璞洁、林伟强、许伊那
　　　　　何耀炳、周华忠、胡文斌、张　玉

04

项目名称：山东省东营市利津县
　　　　　"城市芯"概念规划设计

地　　点：山东东营利津县
面　　积：110000平方米
时　　间：2022年设计
设　　计：陈文东、黎荣欣、陈承邦、翁鑫威、
　　　　　陈　敏、史燕明、张　力、马思婷

05

项目名称：三亚崖州水南幼儿园/
　　　　　三亚崖州东关幼儿园

地　　点：海南省三亚市
面　　积：3500平方米/2000平方米
时　　间：2020年设计
设　　计：陈文东、陈承邦、翁鑫威、申沁竹、
　　　　　劳晓杰、陈小锋、林俊生、李雄花、
　　　　　凌　亮、杨翔云、张邦图、许伊那等
合　　作：广东名都设计有限公司、
　　　　　海南省设计研究院有限公司

06

项目名称：莆田市木雕博物馆

地　　点：福建莆田市
面　　积：38000平方米
时　　间：2018年设计
设　　计：陈文东、邱伟立、陆　超、徐文娜
　　　　　赵　丹、冯雪莹、陈卓宇、崔洪亮
　　　　　蔡　煜、张贵彬等

07

项目名称：安康汉江大剧院

地　　点：陕西安康市
面　　积：16000平方米
时　　间：2015年设计
设　　计：陈文东、唐雅男、邱伟立、裴文祥、
　　　　　许　喆、徐文娜、刘临西、王新宇、
　　　　　张书原、任思阳、齐帅杰等

08

项目名称：北滘镇新城区体育公园综合馆

地　　点：广东佛山市
面　　积：20160平方米
时　　间：2020年设计
设　　计：汤朝晖、杨晓川、陈文东、罗晓琪、
　　　　　关裕韬、赖森媚、徐慧丹、罗　彦、
　　　　　陈承邦、翁鑫威、谢　添、申沁竹等

09

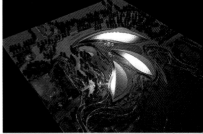

项目名称：洞庭湖博物馆

地　　点：湖南岳阳市
面　　积：30000平方米
时　　间：2014年设计
设　　计：何镜堂、郭卫宏、陈文东、唐雅男、
　　　　　胡镇宁、许　喆、黄沛宁、裴文祥、
　　　　　冒亚龙、徐文娜、王新宇、齐帅杰、
　　　　　车　轩、任思阳、肖欣荣等

10

项目名称：湛江文化中心

地　　点：广东湛江市
面　　积：240000平方米
时　　间：2014年设计
设　　计：何镜堂、郭卫宏、陈文东、唐雅男、
　　　　　许　喆、裴文祥、黄沛宁、蔡奕阳、
　　　　　李　军、杨　光、邢剑龙等

11

项目名称：莆田市会展中心

地　　点：福建莆田市
面　　积：50000平方米
时　　间：2018年设计
设　　计：陈文东、邱伟立、陆　超、赵　丹、
　　　　　徐文娜、陈卓宇、岳　鹏、郑传樟、
　　　　　吴　巍等

12

项目名称：西安工业大学研究院

地　　点：陕西省铜川市
面　　积：687000平方米
时　　间：2021年设计
设　　计：倪　阳、王智峰、陈文东、龙志华、
　　　　　陈承邦、翁鑫威、陈　敏、史燕明、
　　　　　黎荣欣、黄玉平、周浩楠等

13

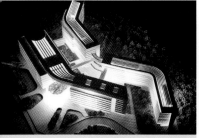

项目名称：天河区第二人民医院

地　点：广东广州市
面　积：220000平方米
规　模：1000床三甲综合医院
时　间：2017年设计
设　计：何镜堂、郭卫宏、胡展鸿、陈文东、
　　　　黄凯昕、邱伟立、裴文祥、赵　丹、
　　　　段晓宇、郑海砾、周　巧、李　妮、
　　　　王钰渊、牛　审等
顾　问：朱　希、徐小田

14

项目名称：南方科技大学医学院及附属医院
　　　　　（校本部）
地　点：广东深圳市
面　积：330000平方米
时　间：2020年设计
设　计：张春阳、陈文东、张文宇、彭德建、
　　　　沈　倩、黄曼娇、覃　丹、刘洪文、
　　　　陈承邦、翁鑫威、陈　敏、黎荣欣
　　　　董春江、申沁竹等

15

项目名称：深圳市华大医院

地　点：广东深圳市
面　积：200000平方米
时　间：2021年设计
设　计：张春阳、陈文东、张文宇、彭德建
　　　　沈　倩、黄曼娇、覃　丹、刘洪文
　　　　陈承邦、翁鑫威、陈　敏、黎荣欣
　　　　董春江、申沁竹等

16

项目名称：广东省人民医院中长期发展
　　　　　整体规划
地　点：广东广州市
面　积：390000平方米
时　间：2019年设计
顾　问：何镜堂
设　计：陈文东、陈承邦、翁鑫威、谢　添等

17

项目名称：广州华轩艺术高级中学

地　点：广东广州市
面　积：50000平方米
时　间：2022年设计
设　计：陈文东、陈承邦、史燕明、陈　敏、
　　　　刘洪文等

18

项目名称：清远应急管理职业学院

地　点：广东清远英德市
面　积：486000平方米
时　间：2022年设计
设　计：陈文东、陈　敏、陈承邦、翁鑫威
　　　　史燕明、黎荣欣、张　力、马思婷
　　　　曹　志、刘洪文等

19

项目名称：广东建设职业技术学院清远校区
　　　　　总体规划
地　　点：广东清远市
面　　积：190000平方米
时　　间：2015年设计
设　　计：郭卫宏、陈文东、冒亚龙、裴文祥、
　　　　　王新宇、郭垚楠、杨舒雅、任思阳、
　　　　　赵文斌、万子欣等
合　　作：广东省建科建筑设计院有限公司、
　　　　　广东水利电力职业技术学院

项目名称：贵州理工学院新校区规划设计
地　　点：贵州贵阳市
面　　积：601900平方米
时　　间：2014年设计
设　　计：郭卫宏、陈文东、唐雅男、许　喆、
　　　　　裴文祥、黄沛宁、徐文娜、王新宇、
　　　　　张书原、齐帅杰、任思阳等

项目名称：深圳光明高中园综合高级中学
地　　点：广东深圳市
面　　积：59997平方米
时　　间：2021年设计
顾　　问：汤朝晖
设　　计：陈文东、王智峰、陈承邦、翁鑫威、
　　　　　陈　敏、史燕明、黎荣欣、刘洪文等

项目名称：东莞长安实验小学
地　　点：广东东莞长安镇
面　　积：34800平方米
时　　间：2010年设计
设　　计：何镜堂、郭卫宏、王智峰、陈文东、
　　　　　曾健全、佘万里、劳晓杰、黄志坚、
　　　　　梁　剑、王琪海、李雄华、杨翔云、
　　　　　黄璞洁等
摄　　影：战长恒

项目名称：华南理工大学大学城校区
　　　　　民居改造
地　　点：广东广州市
面　　积：2068平方米
时　　间：2016年设计
设　　计：郭卫宏、陈文东、裴文祥、杨舒雅、
　　　　　郭垚楠、张　灯、吴　巍、任瑞雪、
　　　　　劳晓杰、潘志刚、桑喜领、杨翔云、
　　　　　张邦图、李雄华、凌　亮、周华忠等

24

项目名称：广州市第一人民医院核心区
　　　　　景观整体改造
地　　点：广东广州市
时　　间：2018年设计
设　　计：郭卫宏、陈文东、邱伟立、赵　丹、
　　　　　冯雪莹、陈卓宇、崔洪亮、蔡　煜、
　　　　　张邦图、杨翔云、李雄华、李慧雯等

图书在版编目（CIP）数据

建筑六式 / 陈文东著. —北京：中国建筑工业出
版社，2023.11
ISBN 978-7-112-28731-4

Ⅰ.①建… Ⅱ.①陈… Ⅲ.①建筑设计 Ⅳ.①TU2

中国国家版本馆CIP数据核字（2023）第085633号

责任编辑：刘　静　徐　冉　王　惠
责任校对：王　烨

建筑六式
陈文东　著

*

中国建筑工业出版社出版、发行（北京海淀三里河路9号）
各地新华书店、建筑书店经销
北京锋尚制版有限公司制版
北京富诚彩色印刷有限公司印刷

*

开本：787毫米×960毫米　1/16　印张：13　字数：544千字
2023年7月第一版　　2023年7月第一次印刷
定价：**188.00**元
ISBN 978-7-112-28731-4
（41173）

版权所有　翻印必究
如有内容及印装质量问题，请联系本社读者服务中心退换
电话：（010）58337283　　QQ：2885381756
（地址：北京海淀三里河路9号中国建筑工业出版社604室　邮政编码：100037）